未来智能与人机融合

刘伟 谭文辉 著

上海科技教育出版社

Science Everywhere

内容提要

随着人工智能技术的迅猛发展,人机融合已经成为当代社会的一个重要议题。本书分为智能初识、智思交锋、人机新境、智技探微、智潮涌动五个部分,深度剖析了智能的奥秘,从智能的定义、分类、演化到人机关系,全面展现智能世界的多样性与复杂性。书中不仅探讨了人工智能发展的突破之困,也展望了人机融合智能的未来应用与发展趋势,展示了人机融合智能如何赋能社会,推动未来发展。本书希望通过探索人与机器之间的协同关系,激发读者对于未来智能的新思考和创新应用,从而引领人机融合时代的智慧之道。

作者简介

刘伟,北京航空航天大学工学博士,北京邮电大学人机交互与认知工程实验室主任,博士生导师,剑桥大学访问学者,清华大学战略与安全研究中心中美二轨AI对话专家,媒体融合生产技术与系统国家重点实验室特聘研究员,中国指挥与控制学会认知与行为专委会副主任委员、城市大脑专委会委员,国务院发展研究中心国际技术经济研究所特聘专家。研究方向为人机融合智能、认知工程、人机环境系统工程、未来态势感知模式行为分析/预测技术等。

谭文辉,北京科技大学工学博士,副教授,硕士生导师,美国亚利桑那大学访问学者。研究方向为工程不确定性与可靠性分析、数值模拟仿真、工程设计与优化。

CONTENTS 目录

目 录

第一章　智能初识 / 1

一、智能特性 / 3

 1. 什么是智能？ / 3

 2. 智能的分类 / 6

 3. 智能与本体 / 16

 4. 智能是多因、多果、多维、多元的世界 / 19

 5. 智能的可变换性与鲁棒性 / 20

二、智能关系 / 23

 1. 智能中的"一体两面" / 23

 2. 智能的等价超越了数学的等价 / 29

 3. 智能的三体协同关系 / 34

 4. 智能也是一切社会关系的总和 / 37

三、智能演化 / 40

 1. 从个体智能到群体智能 / 40

 2. 从人类智能到人工智能再到人机融合智能 / 44

 3. 人、机器和环境之间的复杂互动 / 49

第二章　智思交锋 / 55

一、人类智能与人工智能的界限 / 57

 1. 人类智能的秘密：非数据智能 / 57

 2. 人工智能的缺点：数学≠逻辑≠智能 / 59

 3. 主动与被动：智能运作模式的对比 / 63

4. 时空感知：人类与机器对世界认知的异同 / 63

   5. 逻辑：智能处理问题的不同路径 / 65

   6. 排序：智能决策机制的差异 / 69

二、智能的突破之困 / 73

   1. 事实与价值：反映现实的角度 / 74

   2. 计算与算计：思考世界的方式 / 83

   3. 主观与客观：洞察事物的视角 / 87

   4. 态势感知：获取、理解与预测 / 94

   5. 小样本与大数据：分析数据的方法 / 107

三、人机融合智能的目标 / 111

第三章　人机新境 / 119

一、人机协同与交互探索 / 121

   1. 人人、机机与人机协同 / 121

   2. 人机协同如何把任务拆解成子任务 / 124

   3. 人机中的非常名与非常道 / 127

   4. 人机交互的难点在于任务接管和经典逻辑的缺点 / 131

   5. 人机交互中的主动与被动 / 136

   6. 不对称交互 / 138

   7. 浅析未来人机交互的结构与功能 / 140

二、人机环境系统 / 145

  1. 人机环境系统对信息论、控制论、系统论的拓展与整合 / 145

  2. 基于人机环系统的自主系统分级 / 149

  3. 人机环境系统智能中的数与非数 / 151

  4. 人机环境系统智能中的漂移 / 154

  5. 基于人机环境系统集成的新一代态势感知系统思考 / 156

第四章　智技探微 / 159

一、人工智能背后的技术 / 161

  1. 破晓之眼：计算机视觉 / 161

  2. 音波之舞：语音工程 / 166

  3. 言语之桥：自然语言处理 / 170

  4. 策略之翼：策划决策系统 / 173

二、人的认知与心理 / 176

  1. 思维之河：认知科学 / 176

  2. 心灵之谜：心智理论 / 178

  3. 意识之基：哲学问题探讨 / 180

三、人机融合智能方略 / 183

  1. 通用人工智能现状 / 183

  2. "我是谁"：人机融合智能的发展制约 / 188

  3. 如何让机器产生主观意识 / 195

4. 怎样让机器产生价值性认知 / 198

5. 人机融合智能中的控制、协同、组织 / 199

6. 人机融合智能中的角色分配 / 201

7. 人机融合中的主客观处理 / 205

第五章　智潮涌动 / 209

一、人机融合智能面临的多重挑战 / 211

1. 法律之困：人工智能的引入与监管 / 211

2. 道德之惑：伦理困境与智能向善 / 216

3. 就业之变：未来职场的重塑与机遇 / 219

4. 模型之限：大语言模型的特征与限制 / 223

二、人机融合智能的应用与发展 / 227

1. 智能家居：智慧生活的崭新篇章 / 227

2. 智能医疗：健康守护的智能革命 / 234

3. 智能教育：知识传承的创新之旅 / 238

4. 智能工业：智能制造的未来趋势 / 241

5. 智能利民：赋能社会，共促未来 / 242

参考文献 / 248

第一章

智能初识

一、智能特性

1. 什么是智能?

当我们谈论智能时,你会想到什么?也许是机器人,也许是人工智能或者超级计算机。但是,智能究竟是什么呢?

智能,通常被定义为个体能够理解、学习、适应、解决问题和做出决策的能力,涵盖了推理、学习、感知、认知、理解和交流等多个层面。在笔者看来,智能并不仅限于机械的运作或冷冰冰的电子信号,它是人类与科技之间的奇妙交汇,是我们与机器之间的默契共舞。

智能就像是一场无穷无尽的探索之旅,从智能家居到智能医疗,从自动驾驶到语音助手,无所不包。它让我们的生活变得更加便捷、更加舒适,仿佛一双无形的手,轻轻为我们操纵着世界的种种。

然而,智能并非只是机器技术的进步,更是人类智慧的延伸。它源于我们对自身和世界的不断探索与创新,是一种对未知的勇敢追求与探究。我们不断提升智能技术的水平,让它更加贴近人类的需求和情感。让我们从智能的起源出发,一同探究智能的无限可能。

智能的来源

谈及智能的概念,其来源可以追溯到古代哲学时期。自古以来,人类一直试图理解和模仿智能行为。在这漫长的探索历程中，古希腊哲学家亚里士多德无疑占据着举足轻重的地位。他作为古代哲学的重要代表人物，对于智力、感知和思维等议题，提出了诸多深邃的理论与见解。

在亚里士多德看来，智力（intellect）是人类思维和认知能力的核心所在。他区分了感知和思维这两种截然不同的能力，认为智力并非单纯依赖于经验的积累，而是源于深度的思考和推理。

同时，他也强调感知（perception）是认识事物的起点。他指出，人们通过感官来获取外部世界的感知经验，然后将这些感知经验转化为概念和认识。

至于思维（thought），亚里士多德视其为一种推理和推断的能力，是智慧和理性的表现。他将思维进一步分为感性思维和理性思维两种形式。感性思维通过感知获得经验，而理性思维则通过推理和思考来获取知识和理解。

此外，亚里士多德提出了"潜在"和"实际"两个层面。他认为，某一事物在潜在状态下可能具备某种形式，但唯有当这些形式在实际中得以体现时，我们方能真正称其为拥有智慧与知识。

亚里士多德的这些思想，对后世哲学、心理学和认知科学的发展产生了深远的影响。他对智力、感知和思维等概念的分析和探讨，为后来对于人类认知能力的理解提供了重要的思路和范式。

智能的本质

深入智能的本质，我们发现这是一个极为复杂的问题。传统意义上，智能被认为是人类大脑的独特属性，源于神经元和脑部结构的复杂交互作用。目前，科学家们已经在人工智能领域取得了一些进展，通过模拟人脑的处理方式和算法，创建了一些能够执行复杂任务的智能系统。这些系统利用机器学习和深度学习等技术,从海量数据中汲取知识,进行推理和决策。

然而,尽管这些系统表现出了某种形式的智能,但它们仍然根植于特定的算法和数据。与人类相比,它们缺乏广泛的学习和适应能力,更无法展示出情感、创造力等高级智能的特征。虽然我们可以利用物理手段创造出一些智能系统,但目前人类智能涉及复杂的生物和心理过程,仍有许多未知领域等待我们进一步探索。

数学为智能提供了基础素材,但数学本身并不等同于智能。数学作为一种逻辑推理和问题解决的工具,能够训练大脑思维,培养逻辑思维和抽象思维能力,提高我们分析和解决问题的能力,帮助我们建立数学模型并进行推断和预测。然而,要获得真正的智能,还需融合多个学科和领域的知识,如计算机科学、人工智能、认知科学等。

智能世界的核心是认知,而非单纯的物理或数学。数学是一种工具,有助于我们建立模型和算法来解决问题。然而,认知是人类对信息的处理、理解和应用能力。智能世界的本质是让机器模拟人类的认知能力,包括感知、推导、学习、判断和决策等过程。虽然物理、数学在智能世界中发挥着重要的作用,但它们只是实现智能的手段,而不是智能的本质。

人类认知的独特之处在于通过提出问题和追问,深入发掘问题的本质和解决之道。这种提问和追问的方式,不仅有助于人类更好地理解机器的能力和环境的限制,也能促进人机之间的协作。同时,这也有助于机器智能提高自身的学习和决策能力,揭示问题中的隐含信息和局限性,使其更加贴合实际情境和需求,从而更好地满足人类的需求,实现更高效、智能和人性化的协同工作。

2. 智能的分类

对智能进行分类,是对智能的不同特征和应用范围进行系统整理和划分的过程。目前学术界并没有统一的分类标准,但为了更好地进行梳理,智能可以按照不同的方式分类。比如,按照来源可分为自然(人类)智能、人工(机器)智能、人机环境系统智能;按照发展水平可分为弱人工智能、强人工智能、超人工智能;按照发展层次可分为运算智能、感知智能、认知智能等。

基于来源的分类:自然智能、人工智能、人机环境系统智能

(1) 自然智能

自然智能是指生物体,特别是动物和人类,通过进化过程自然形成的智能。这种智能包括感知、认知、情感、理解、学习、记忆、语言、推理、解决问题和决策等能力。自然智能是复杂和多样的,它使得生物体能够适应和生存于不断变化的环境中。人类智能是自然智能的一个高度发展的例子。自然智能的诞生经历了以下几个关键阶段。

①自我复制能力的出现:生命的诞生

生命的诞生是一个漫长的演化过程,而宇宙中的筛选机制保证了只有适合生命存活的星球才能孕育生命。万事万物皆在演化,生命诞生的第一个大筛选器即自然环境。

在适宜的环境下,早期简单的生命形式,如LUCA(the Last Universal Common Ancestor,所有生物物种的最后共同祖先),通过自我复制和基因变异逐渐演化出更复杂的结构,并发展出不同的功能以适应环境,例如更高效的代谢途径和更复杂的细胞结构。这一过程受到气候变化、地质条件等多种因素的影响,最终形成了多样化的生命形态,提升了生命体在复杂环境中的生存能力。

②智能的初步产生：低级群体智能

简单的生命体在适应环境的过程中，通过群体中大量个体的牺牲完成群体的进化和对环境的适应，生命体的环境适应性也愈发增强。随着生命体结构的完善和复杂，它们逐渐演化出更高级的功能，例如组合形成了共生合作关系。这些功能的出现标志着生命体初步具备了"智能"，但与人类相比，它们的"智能"水平还很低。简单的生命体只能通过不断尝试来适应环境，其"智能"提升的速度很慢，并最终陷入瓶颈。

③新的差异积累方式与感知能力的升级：个体智能水平强化

为了突破"智能"提升的瓶颈，生命体必须找到一种新的方式来积累差异：有性生殖，将多细胞生命作为整体进行组合来积累差异，而非仅仅通过单个个体的突变。但其需要两个关键条件：远距离移动能力和强大的感知能力。想象一下，如果生命体只能原地打转，或者像没头苍蝇一样乱撞，那么它们怎么找到合适的伴侣，进行基因的交换呢？

于是，生命体开始进化出"导航系统"——神经系统。由此，多细胞生物的感知能力和学习能力突飞猛进，从而进入了"智能"水平加速提升的新阶段。而这一幕也类似人类在研发人工智能时因人工神经网络而产生的进步。

④神经系统的成熟：知识的产生

神经系统的卓越之处在于它能通过感知、记忆和学习积累经验，而非依赖群体牺牲。这种经验，或称之为"知识"，是指从输入到输出的处理过程，类似人工神经网络的"模型"。它使生命体能够适应环境并做出恰当反应，为进化奠定基础。这种非文字性的知识，涉及学习、存储和利用信息的能力。我们猜测，人类的默会知识或许起源于最初神经系统演化过程中对知识的学习机制。

⑤语言与符号系统的大规模应用:更高效的知识传递与高度社会化

经过数亿年演化,地球上物种繁多,高级动物发展出复杂的器官系统,个体通过感知、学习和理解知识(显性或者隐性)来适应环境,展现出惊人的智能,包括强大的感知、运动能力,以及情绪反应和价值判断。但我们倾向于高级动物此时的情绪反应是源自环境干预以及自身比较简单的身体激素调节,而非如人类般细腻而丰富的情感;其价值系统也类似于学习到的知识,不是社会性的价值决定,而是客观性或者是生理性的价值分辨。

人类超越的关键在于语言。人类在进化的过程中产生了用符号去表示和记录知识的习惯,进而形成了一整套语言体系,这些语言承载了人类所积累的知识。人类这一物种逐渐走向了高效知识传递、高度社会化、高度复杂化的方向,在"智能"的整体水平上也超越了其他所有的生物。

⑥价值系统的升级:高级群体智能与个体智能协同进化

在生命演化的过程中,人类也面临着知识体系和社会关系的不断复杂化,推理的无限可能性与行动的唯一性之间的矛盾。为平衡这一矛盾,人类逐渐演化出精妙的价值系统,通过价值判断指导行为。价值系统比纯粹的逻辑推理更有弹性,能提供更大的选择空间。例如,塞翁失马的故事展示了调整价值判断带来的行为多样性。弹性的价值系统得益于文字系统的知识积累和传递,帮助个体在社会中生存,并促进了特定领域智能的提升。

通过还原自然界中智能的诞生过程,我们能更好地了解人工智能对于智能演化过程的模仿、干预和影响。

(2) 人工(机器)智能

不同专家对智能的定义各不相同,但大多数观点都有相似之处,只不过采用了不同的语言表达或侧重不同的方面:

- 智能是一个智能体在与环境交互时所具有的一种属性；
- 智能与智能体实现目标或获利的能力有关；
- 智能取决于智能体适应不同环境和目标的能力。

将这些关键特征放在一起，就产生了智能的非正式定义：智能衡量的是一个智能体在各种环境中实现目标的能力。

人工智能（Artificial Intelligence，即AI），在计算机科学领域也称为机器智能（Machine Intelligence），是人类制造出的机器所展现的一种智能形态。

人工智能是由人类设计和创造出的智能系统，它模拟或扩展了人类的智能行为。人工智能可以通过机器学习、深度学习、自然语言处理、计算机视觉等技术来实现。AI系统可以在特定任务上表现出高度的智能，例如在数据分析、图像识别、语言翻译、游戏博弈等方面。

自然智能和人工智能在本质上是不同的，自然智能是通过长期的生物进化形成的，而人工智能是人类技术和科学研究的产物。随着技术的发展，人工智能在某些特定领域已经能够超越自然智能的限制，例如在处理大量数据、执行重复性任务、进行高速计算等方面。然而，人工智能目前还无法完全模仿人类智能的所有方面，尤其是在理解、情感、创造力和道德判断等方面。

（3）人机环境系统智能

人机环境系统智能是指一种基于人机交互的智能系统，它能够理解人类的指令和意图，并根据人类的需求提供相应的服务和支持。人机环境系统智能可以通过语音识别、图像识别等技术与人类进行交互，以达到人机协同工作和共同完成任务的目的。人机环境系统智能注重智能系统与人类之间的交互，能够理解人类需求并提供相应的服务和支持。

基于发展水平的分类：弱人工智能、强人工智能、超人工智能

弱人工智能、强人工智能、超人工智能描述了 AI 系统智能水平的不同层次。

弱人工智能（Weak AI）也称为专用人工智能（Narrow AI），是设计用于执行特定任务或解决特定问题的 AI 系统。这些系统在其专业领域内可能表现出高度的智能和能力，但它们缺乏通用性，无法超出其预定的范围来思考和解决问题，例如语音识别软件、推荐系统、自动驾驶汽车中的导航系统等。Google 助手、Google 翻译、Siri 等自然语言处理工具，也是弱人工智能产品。虽然它们可以与我们互动并处理人类语言，但这些机器远远没有达到人类智能水平。比如，当我们与 Siri 交谈时，Siri 并不能灵活地响应我们的查询，而只是将其输入搜索引擎，然后返回给我们。这些系统在特定任务上可能表现得非常出色，但它们并不具备人类的通用智能。

弱人工智能的优势包括促进更快决策、从烦琐任务中解放人类、为开发更智能 AI 提供基础、比人类更好地完成单一任务。然而，它也面临着各种挑战，如缺乏可解释性、需要从小数据中学习、存在偏见倾向、受制于人等问题。虽然弱人工智能目前已在多个领域取得显著成就，但其发展仍需克服诸多困难。

强人工智能（Strong AI）是指具有广泛认知能力的机器智能，由塞尔（John Searle）在"中文房间实验"中提出。这种人工智能具有与人类相当的通用智能能力，不仅能够在任何知识领域执行任何智能任务，还具有自我意识、情感意志和自主学习能力等人类智能的其他方面。早期 AI 研究者，人工智能先驱司马贺（Herbert Simon）曾预测 20 年内机器能做任何人类能做的事。但在 20 世纪 70 年代，研究者就意识到其中难度，于是资助机构转向支持"专用 AI"。20 世纪 90 年代至 21 世纪初，主流 AI 在商业和学术上依靠解决细分的专门问题而达到新的高度，例如人工神经网络、机器视觉以及数据挖掘。

通用人工智能(General AI)与强人工智能存在相似之处,它们在追求完整智能的目标上是一致的,但在侧重和实现方法等方面有差别。

戈策尔(Ben Goertzel)在2007年的著作中对通用人工智能提出了很多值得思考和待解决的问题。如今,主流研究者希望通过整合局部问题解决方法来实现通用AI,例如将智能体架构、认知架构或者包容式架构整合起来。

如果说强人工智能的焦点在于智能的全面性和深度性,那么通用人工智能则聚焦于适应性和多功能性,力求像人类一样应对新的环境和挑战。在实现方法上,通用人工智能侧重于创建一个能够应对各种任务的系统,这通常通过整合不同领域的知识和算法来完成;而强人工智能更侧重于模仿人类的智能过程,包括认知、情感和创造力等方面。在评价标准上,通用人工智能的评估依赖于其在不同任务中的表现,而强人工智能的评估则更侧重于其与人类智能的相似程度以及是否能够超越人类智能。

超人工智能(Super AI)目前仍是一个理论上的概念,它指的是一种具有超越人类智能水平的人工智能系统。这种智能不仅能够在特定领域超越人类,还能在广泛的认知任务中展现出与人类相似或超越人类的智能。具有超级智能的机器具有自我意识,可以思考人类无法想到的抽象问题,这是因为人脑的思维能力仅限于几百亿个神经元。除了复制多方面的人类行为智能外,超人工智能还可以理解和解释人类的情感和体验。超人工智能的发展目前还处于理论阶段,但它引发了广泛的讨论和关注,特别是在其潜在影响和道德伦理方面。

超人工智能的关键特征包括自我改进能力、学习和适应新任务的能力,以及理解和处理复杂问题的能力。这种智能的发展既可能带来巨大的技术进步,也可能带来不可预测的风险,包括对就业、社会结构和人类生活方式的潜在影响。虽然超人工智能拥有众多追随者和支持者，但许多理论家和技术研究人员对机器超越人类智能的想法持谨慎态度。他们认为，这种先进的智能形式可能会导致全球灾难，正如《星际迷航》和《黑客帝国》等几部好莱坞电影所展示的那样——它们开始对人类构成威胁，成为战争武器，脱离人类的控制，违背人类的目标，等等。

目前，我们日常生活中遇到的大多数AI系统都是弱人工智能，它们在特定领域内提供了巨大的价值，但与人类智能的复杂性和灵活性相比相去甚远。强人工智能或通用人工智能的研究和开发是AI领域的最终目标之一，但这一目标的实现还面临着巨大的技术和伦理挑战。

基于发展层次的分类：运算智能、感知智能、认知智能

运算智能、感知智能和认知智能是人工智能的三个主要领域，它们分别代表了AI技术发展的不同层面和阶段。

运算智能（Computational Intelligence）是人工智能的基础，专注于通过计算机算法和计算模型来解决问题和进行决策。运算智能的核心思想是模拟自然界中的智能行为以解决复杂的问题，包括专家系统、决策树、神经网络、遗传算法等。

专家系统是模拟人类专家思考和决策能力的计算机程序，通常包含一个知识库和一个推理引擎。知识库中存储了大量的领域特定知识，而推理引擎则使用这些知识来解决问题或提供建议。

决策树是用于决策分析的树形结构，通过一系列的问题来引导用户到达一个决策或结论，每个节点代表一个特征或属性，每个分支代表一个判断或决策。

神经网络是模拟人脑神经元连接的算法，用于识别数据中的复杂模式和关系。神经网络由多层节点（或神经元）组成，每个节点都与其他节点相连接，并具有相应的权重和阈值。

遗传算法是受自然选择和遗传学启发,通过模拟自然进化过程(如选择、交叉和突变)来优化问题的解决方案。

1997年,IBM的深蓝计算机战胜了当时的国际象棋冠军卡斯帕罗夫,从此人类在这样强运算型的比赛方面就无法战胜机器了。运算智能的优势在于它具有快速计算和记忆存储的能力,能够处理和分析大量的数据,找到解决问题的最佳方案。与传统的计算方法相比,运算智能更加强调自我学习和自适应能力,这使得它能够应对复杂和不确定的问题。

感知智能(Perceptual Intelligence)使机器能够理解和解释来自我们感官世界的各种信息。这种智能的核心在于让机器能够"看""听""触",甚至"闻"和"尝",就像人类一样。感知智能的发展得益于机器学习和深度学习技术的进步,这些技术使得机器能够从大量的数据中学习模式和特征,从而提高它们对感官信息的理解和解释能力。其关键应用包括计算机视觉、语音识别、自然语言处理、触觉感知和传感器融合。计算机视觉使机器能够理解和解释视觉信息,如面部识别、物体检测和场景理解。语音识别让机器理解和解释语音信息,将口语转换为文本。自然语言处理涉及对文本的感知,理解单词、句子和文档的含义。触觉感知让机器对物理接触和力有感知,应用于机器人手术或工业自动化。传感器融合将多个传感器的数据结合起来,获得更全面的环境感知能力,如自动驾驶汽车中摄像头、雷达和激光雷达的数据融合。随着技术的不断进步,机器在感知智能方面已越来越接近于人类。

认知智能(Cognitive Intelligence)是人工智能领域的高级形态,它超越了简单的感知和运算能力,涵盖了更为复杂的理解、推理、学习、语言使用和问题解决等能力。这种智能试图模拟人类大脑的思维过程,包括思考、规划和决策等。

在技术层面上,认知智能的实现依赖于一系列复杂的技术和算法,包括但不限于自然语言处理、机器学习、深度学习、知识表示和因果推理等。这些技术使得机器能够在理解复杂语境、进行逻辑推理、从经验中学习、使用语言进行交流以及解决抽象问题等方面表现出类似人类的智能。

认知智能的应用非常广泛,它不仅包括了传统的AI应用领域,如游戏、自动问答系统和智能助手,还涉及更为复杂和高级的领域,如医疗诊断、法律咨询、金融分析、教育等。随着技术的不断进步,认知智能有望在未来发挥更大的作用,为人类社会带来更多的便利和进步。

总之,这三种智能在AI系统中相互补充,共同构成了AI的不同能力层面。运算智能提供了基础的计算能力,感知智能扩展了AI系统与外部世界的交互,而认知智能则使AI系统能够更好地模拟人类的思维和决策过程。随着技术的进步,这些智能的界限会越来越模糊,AI系统正在朝着更加综合和高级的智能方向发展。

智能的其他分类

基于规则和基于概率是两种不同的智能方法,它们在处理问题和决策时使用了不同的思维方式。基于规则的智能对于处理确定性规则和逻辑要求高的场景有较好的应用,而基于概率的智能则更适用于处理不确定的、涉及推理和决策的场景。

基于规则的智能依赖于预定义的规则和逻辑来进行推理和决策。它通过编写一系列的规则和条件语句,然后根据输入数据与这些规则进行匹配来做出决策。这些规则可以是由专家人员定义的,也可以是从人类知识中提取的。例如,一个基于规则的智能系统可以用于语音助手,其中定义了一系列规则用于识别用户的语音指令并执行相应的操作。如果用户说"打开电视",智能系统将根据预定义的规则识别该指令并执行相应的动作。

基于概率的智能利用统计概率和数据分析来进行推理和决策。"基于概率"的意思是基于已有的数据和统计模型来计算事件发生的可能性,并根据这些概率做出决策。例如,在自然语言处理领域,基于概率的智能可以用于语言模型和机器翻译。它基于大量的语料库,通过统计模型计算每个词或短语出现的概率,从而帮助系统预测下一个可能的词或翻译转换。

基于反规则的智能通常更注重创新和突破,倾向于超越传统规则的思考方式。通过模拟人类非传统的思考方式,它可以产生与传统规则不同的、具有创造性的解决方案。例如,在设计领域中,可以使用基于反规则的智能来生成独特且出人意料的设计概念。在异常检测领域中,基于反规则的智能可以帮助识别不符合常规行为模式的异常情况。相比于事先定义好的规则集合,它能够更好地捕捉到未知或罕见的异常模式。在网络安全中,基于反规则的智能可以识别新型的网络攻击行为,而不仅仅依赖于已知的攻击规则。生成对抗网络(GAN)也是一种基于反规则的智能模型,它通过两个互相对抗的神经网络来生成具有创造性的输出。其中一个网络生成新的样本,而另一个网络则根据既有样本提供反馈以不断改进生成模型。还有,基于反规则的智能可以改善人机交互体验,使得系统能够理解人类用户的非传统需求和意图。例如,语音助手能够通过识别人类的意图和上下文,提供相应的帮助和回答,而不仅仅依赖于严格匹配事先定义的规则。

基于反统计概率的智能是一种与传统统计方法不同的思考方式。虽然目前没有特定的术语来描述基于反统计概率的智能,但可以通过以下示例,展示一些可能的应用。基于反统计概率的智能可以用于生成创造性艺术作品,例如音乐、绘画和文学作品;可以在风险投资和创业决策中提供不同的视角,它能够超越传统的统计方法,考虑非常规和潜在的机会或威胁,从而帮助投资者和创业者做出更具创新性和长远眼光的决策；也可以用于应对未知事件的预测，相比于传统的统计模型，它可以考虑非线性的因素和未知的关联性，提供对尚未出现或罕见事件的预测和建议。

3. 智能与本体

世界的本体是一个复杂而广泛的话题，它依据不同的学科、思想体系和信仰背景，呈现出丰富的解释和理解。它触及人类对于现实和存在的思考，以及对于世界本质的追寻和探索。

在哲学上，世界的本体指的是存在的实质或基本特征。它探讨了世界的本源、本质和真实性，并试图回答关于存在、现实和认识等方面的问题。在这个层面上，世界的本体与形而上学、本体论、存在论等领域的思考和探索紧密相连，共同构建起哲学的丰富内涵。

在科学领域中，世界的本体可以指对自然界和宇宙的客观存在进行研究和描述。它关注事物的属性、规律和相互关系，通过科学方法和实证研究来揭示世界的真相。科学的本体可以包括物质、能量、时间、空间等各种科学概念和原理。

当谈及宗教和哲学信仰时，世界的本体可能涉及超越自然界的层面，涵盖神、神性、灵魂或者其他超自然存在的观念。它涉及与人类存在及其意义相关的问题。

当我们聚焦智能时，它的本体则代表智能的实体或存在方式。在人工智能领域，智能的本体有着多维的解读。一种常见的理解是，智能的本体被视为智能系统的核心组成部分，它是使系统能够感知、理解、推理、学习和决策的基础。在这个层面上，智能的本体可以包括各种算法、模型、规则和知识库（如机器学习算法、深度神经网络、知识表示与推理方法、自然语言处理等一系列的计算机科学和工程技术），它们被设计用于处理不同类型的数据和任务,以实现智能行为。另一种理解是,智能的本体被视作智能系统所代表的一种智能存在形式,它具备认知能力和自主性,能够从环境中获取信息,进行分析和推理,并做出相应的决策和行动。这种本体理解更接近于对智能个体的概念化描述。无论是哪种理解,智能的本体都是人工智能研究和开发的重要方向之一。通过不断提升智能的本体,我们有望赋予智能系统更高的认知能力、更强的自主决策能力,并使其能够在更广泛的领域和任务中发挥作用。

人类智能的本体与人工智能的本体在理论基础和实现方式上有所区别,但二者之间的相互影响和交叉研究又为推动智能技术的发展注入了新的活力。人类智能的本体是指构成人类智能的基本特征和组成部分,涉及人类的认知、情感、意识、思维、意志和行为等方面。人类智能的本体是由生物学、心理学、神经科学等多个学科共同研究得出的。尽管人工智能的本体受到人类智能的启发,并试图从计算机的角度模拟人类的思维和行为,但其实现方式和机制仍与人类智能有所不同。人工智能的本体更侧重于算法、模型和数据,而人类智能的本体则更强调神经元的联结与活动、认知的发展与学习、意识和情感等方面。此外,人类智能的本体是天然的,在进化过程中逐渐形成,而人工智能的本体在不断发展和演进,它可以从人类智能中汲取启示,并逐渐向着人类智能的某些方面靠近,但两者之间仍存在一定的差距。

人机融合智能的本体是将人类和机器的优势相结合,形成一种新的智能模式。它不仅拓展了人类的认知和行为能力,也提升了机器的智能水平,为人类带来更多的便利和创新。人机融合智能的本体是一个不断发展和演进的领域,可以包括以下几个方面:通过机器的增强和辅助,人类能够获得更广泛、更准确的信息,并进行更高效、更深入的思考和决策;机器在人机融合智能中扮演重要角色,具有自主学习和适应能力,机器能够通过数据分析、模式识别和深度学习等技术,不断提升自身的智能水平,为人类提供更好的支持和服务;人机之间通过自然语言处理、图像识别、手势识别等技术,实现更高效的合作。例如,智能灯光系统可以根据人的喜好和习惯自动调节亮度和颜色;智能温控系统可以根据室内外温度和人的需求自动调整室内温度。智能家居系统的本体是人类的需求和舒适性,通过智能算法和机器学习来实现。

另外,本体是一种形式化语义模型,用于描述事物概念和它们之间的关系。在本体中,因果关系可以被表示为实体之间的关系,这些关系描述了一个实体的存在、属性或行为如何影响另一个实体。

例如,一个"苹果"类可能有许多实例,而每个实例都有因果关系,如颜色、形状和口味等属性。在这种因果关系下,任何苹果实例的属性都会受到其所属类别的限制和规约。其次,本体中的属性与实例之间存在因果关系,属性描述了实体的特征或性质,对于一个名为"张三"的人实例,其属性可以包括年龄、性别和职业等,这种因果关系显示了属性如何通过描述和定义实体来影响和决定实体的特征。还有,本体中的关系描述了实体之间的联系或连接,一个"父子"关系可以用来描述两个人实例之间的亲属关系,这种因果关系表明了一个实体如何与其他实体发生关联,以及如何通过这种关联来影响或改变其他实体的状态。

本体的目的是通过定义事物之间的关系和属性,来建立一个共享的知识模型。因果关系在本体中起着重要的作用,帮助我们描述、理解和推理实体之间的相互作用和影响。在人机融合智能系统中,由于因果关系的具体形式和影响在一定程度上取决于智能系统的设计、应用环境以及人类与机器之间的交互方式,人机融合智能或许会带来许多不同的因果关系。

4. 智能是多因、多果、多维、多元的世界

智能是一个多因、多果、多维、多元的世界。这意味着智能的发展和应用涉及多个因素，产生多种结果，涉及多个领域和维度。

多因性指的是一个事件或现象通常不是由单一原因所决定，而是由多个因素、条件或影响因素的综合作用所导致的。这些因素可以涉及自然环境、社会文化、个人行为、技术进步等众多方面。

多果性意味着对于同一事件或行动，可能存在着多种不同的结果或后果。这是由于不同因素和条件的组合可能导致不同的影响和结果。这也反映了复杂系统的非线性特性，即微小的变化或作用可能在系统中产生巨大的影响和反应。

多维性强调了世界的多样性和多层次性。世界由许多相互关联的维度和领域组成，包括自然界、社会、经济、文化、科学、技术等。每个维度都有其独特的规律和特征，同时也与其他维度相互交织和影响。

多元性则指的是世界存在差异，包括了不同的人群、文化、观念、利益等方面。这种多元性使得世界充满了丰富性和创造力，也为跨文化、跨学科交流和合作提供了机会和挑战。

智能的发展受到多个因素的影响，智能的形成和进化是由多种因素相互作用和影响的结果。这些因素包括技术进步、理论研究、数据积累、算法优化、社会需求等，智能技术的发展需要这些因素相互配合和促进。

其次，智能的应用具有多种结果，智能技术可以应用于多个领域，如机器人、自动驾驶、自然语言处理、图像识别等。同样的智能技术在不同领域的应用会有不同的结果，能够满足不同领域的需求。

此外，智能涉及多个维度和层面。智能技术的发展不仅限于大规模数据处理和模式识别，还包括推理、学习、决策、创造等多个层面。智

能的发展需要综合考虑这些维度和层面,使智能系统能够更好地适应和应对各种复杂任务和环境。

最后,智能是一个多元化的世界,智能技术的应用和发展需要结合不同学科和领域的知识和方法。计算机科学、心理学、认知科学、哲学、工程学等都与智能技术的研究和应用密切相关。智能的多元化也体现在不同的智能系统和方法的存在上,如符号主义、连接主义、进化算法等。

5. 智能的可变换性与鲁棒性

真正的智能应该具备适应变化的能力,同时具有稳定的表现。这意味着智能系统能够根据环境的变化和需求的变化进行相应的调整和改进,以保持其表现的稳定性和有效性,进而能够连续地提供准确、可靠的智能支持。其适应变化的能力一般用可变换性表示,而其稳定和抗干扰能力常常用鲁棒性体现。

智能的可变换性指的是智能系统具有适应于不同任务、环境或情境的能力。智能的可变换性是自适应根源的一个例子是机器学习中的深度神经网络。深度神经网络作为一种具有可变换性的智能系统,通过自适应地学习和调整参数,可以适应不同任务和环境的需求,并提供高效的解决方案。深度神经网络通过学习大量的数据和经验,可以自动调整网络的权重和参数,以提取和表示输入数据中的有用特征。这使得深度神经网络能够适应不同类型的数据和问题,例如图像识别、语音识别、自然语言处理等。深度神经网络的可变换性来源于其多层的结构。每一层都对输入数据进行一些转换和抽象,这使得网络可以自动学习不同层次的特征,并逐渐提高对任务和环境的理解和表示能力。在训练过程中,深度神经网络会根据给定的目标函数(例如最小化预测误差)自适应地调整网络参数,以最大程度地提高性能。这使得网络可以适应不同的数据分布和任务要求,并具有一定的鲁棒性。

鲁棒性指的是智能系统的稳定性和抗干扰能力。一个具有鲁棒性的智能系统能够在面对不确定性、噪声和干扰的情况下仍然保持良好的性能和表现。它能够适应突发情况,处理异常情况,并具有容错机制,以保证系统的稳定性和可靠性。

自动驾驶汽车是一个拥有智能鲁棒性的系统。在道路上行驶时,汽车可能会遇到各种突发状况,智能的自动驾驶汽车必须能够在这些存在不确定性和干扰的情况下做出恰当的应对。自适应的关键体现在自动驾驶汽车能够根据不同的情况自主进行决策和调整。例如,当行人突然横穿马路,汽车可以通过感知系统及时监测到行人的存在,并通过自主决策算法判断如何避免碰撞。同时,车辆还可以根据自身的状态(如速度、制动距离等)进行实时调整,以找到最佳的避障路径。另一个例子是语音识别系统。语音识别系统要能够准确地理解不同人的语音指令,而这些指令可能会受到环境噪声、口音差异等因素的干扰。一个智能的语音识别系统需要具备鲁棒性,能够通过自适应算法识别出不同的声音特征,并根据环境和说话人的特点进行动态调整。如此一来,即使在嘈杂的环境中或者有特殊口音的说话人面前,系统也能够有效地识别并正确理解语音指令。

可变换性和鲁棒性是智能系统设计中非常重要的考虑因素。一个优秀的智能系统应该能够应对各种情况,适应不同的任务需求,并且在面对不确定性和干扰时保持稳定和高效的运行。在实际应用中,可变换性和鲁棒性的平衡是关键的挑战。在人机交互领域,事实可变换性和价值鲁棒性是两个相互关联但又需要平衡的概念。

事实可变换性是指系统能够根据用户和环境的变化进行灵活的适应和调整。用户的需求和环境的变化可能会导致系统需要提供不同的功能和服务。一个具有良好事实可变换性的系统能够快速调整自己的行为和输出,以满足用户的需求。然而,事实可变换性并不是唯一的目标,系统还需要考虑价值鲁棒性。价值鲁棒性是指系统在进行自适应时,仍能保持核心价值和原则的稳定与一致性。系统的核心价值和原则是为了保持用户体验并满足用户期望而存在的,它们是系统的基本准则。

在实际的人机交互设计中,需要平衡事实可变换性和价值鲁棒性。如果系统过于灵活和随意地适应用户需求和环境变化,可能会导致用户感到困惑和不稳定。相反,如果系统过于坚持自身的核心价值和原则,可能会无法适应用户的变化需求和环境条件。因此,系统应该具备足够的灵活性,能够根据用户需求和环境变化进行自适应,同时保持核心价值和原则的稳定性,这样才能提供一个既能满足用户需求,又能保持一致性和可靠性的人机交互体验。

二、智能关系

1. 智能中的"一体两面"

一体两面指的是一个事物或问题同时具有两个相互依存、互为对立的方面或特征。一体表示两个方面或特征是不可分割、相互联系的整体,两面表示这两个方面或特征又是相互对立、互相影响的。一体两面常用于描述矛盾问题或复杂事物的本质,例如事物的存在与发展、利益的共同性与差异性等。下面我们将对智能中的几对"一体两面"做个简要说明。

感觉与逻辑

感觉是指我们通过感官获得的直接经验,包括视觉、听觉、触觉、嗅觉和味觉等。感觉是人类认知过程中最早、最基础的环节之一。它传递给我们大量的感知信息,构成了我们对世界的第一印象。逻辑则是指一种思维方式和工具,用于推理、分析和形成合乎逻辑的结论。它是理性思维的基础,通过推理规则和演绎推断来处理和加工信息。

感觉与逻辑的一体两面突出了感觉和逻辑之间的相互关系和互补性。具体来说,感觉为我们提供了获取信息和理解世界的起点,而逻辑则帮助我们对这些感觉进行整理、分类、分析和解释。感觉为逻辑提供了材料和初始观察,而逻辑则帮助我们对感觉进行理性的加工和推理。在认知过程中,感觉和逻辑相互作用,相互补充。通过将感觉与逻辑结合起来,我们可以更好地认识和理解世界。例如,美食家品尝一道美食时,可以从感觉与逻辑的角度来解释为什么感觉与逻辑是一体两面的。

感觉方面:美食家通过味觉、嗅觉和视觉感受到美食的味道、香气和外观。美食家可能会感受到食物的酸甜苦辣等味觉感觉,以及香气的浓郁程度和种类。此外,美食家还会注意到食物的颜色、质地和摆盘形式等视觉感受。这些感觉信息直接来自人类的感官,构成了美食家对美食的第一手体验。

逻辑方面:在品尝美食时,美食家也会运用逻辑思维来理解其中的成分、口感和味道组合,会分析食材的搭配是否协调,口感是否丰富,味道是否层次分明。美食家可能会思考菜品背后的烹饪方法、调料使用的技巧以及厨师的独特创意,还会根据经验和知识来评估美食的质量、口感的平衡以及整体的满足感。

因此,感觉与逻辑在品尝美食时是不可分割的。感觉为美食家提供了对美食的直接感受、情感体验和味觉上的满足,而逻辑帮助我们通过分析、推理和理性思考来深入理解美食的构成、烹饪过程和味道特点。感觉为逻辑提供了基础材料,逻辑则帮助美食家对感觉进行加工和整理,以形成更全面、准确和深入的美食体验。这个例子再次表明,感觉与逻辑是一体两面的,它们相互依存,相互补充,共同构成了美食家对美食的认知和理解方式。在品味美食、评价饮食文化或进行烹饪创作时,我们可以通过将感觉与逻辑结合来获得更丰富、更深入的美食体验。

感觉和逻辑虽然紧密相关,但它们并不完全相同,也不是绝对等同的。感觉是直接经验,容易受到主观因素和感知误差的影响;而逻辑是一种抽象的符号系统,遵循一定的规则和推理方式。理性思辨应该在感觉的基础上运用逻辑推理，以得出更准确、客观和可靠的结论。

直觉与洞察

直觉是一种非理性的知觉和判断方式，是我们在没有经过明确推理或分析的情况下，通过直接感知和反应而形成的认识或观点。直觉常常在我们无法用言语解释或逻辑推理的情况下出现，它是基于我们对某种情况、问题或现象的直觉性认知。洞察则是指对事物本质或某种内在关系的深刻理解和领悟。洞察力是一种能力，能够帮助我们看到问题的本质，超越表面现象，抓住核心要点并做出深入的思考。

直觉与洞察的一体两面强调了直觉和洞察之间的相互关系。具体来说，直觉为洞察提供了信息和启示，直觉是一种根据个人经验、知识储备和潜意识的综合反应，它可以帮助我们快速捕捉到问题的关键点或隐含的信息。而洞察则是对这些直觉进行深入剖析和理解的过程，它能够帮助我们揭示问题背后的本质和深层次内涵。在认知过程中，直觉和洞察相互作用，相互促进。直觉为洞察提供了初步线索和启发，而洞察则对这些直觉进行深入思考和分析。通过将直觉与洞察结合起来，我们可以更好地理解问题、抓住本质并做出深入的判断。例如，假设你正在经营一家餐厅，销售额出现了下滑，并且你无法确定原因。这时，直觉和洞察可以帮助你找到解决问题的方法。

直觉方面：在观察营业情况时，你可能不会立即找到确切的原因，但你的直觉可能会产生一种感觉，告诉你某些方面出了问题。你可能认为菜品的味道或质量可能有所下降，或者你的客户服务可能出现了问题。这种直觉可能是基于你对餐厅运营的经验和感知的整体把握，通过它你能够快速产生潜在问题的预感。

洞察方面：为了更好地理解问题的本质，你会开始进行深入观察、思考和分析。你可能会仔细研究客户的反馈，观察顾客在餐厅就餐的行为以及听取员工的意见。通过这些观察，你可能会发现一些隐藏的细节，例如菜品调味不一致、服务员态度不友好或者菜单选择不适应顾客的喜好。这些洞察可以帮助你更清晰地了解问题所在，并寻找相应的解决方案。

在这个例子中，直觉和洞察相互关联。直觉为你提供了一种快速的感知，让你意识到可能存在的问题，而洞察则是通过深入观察和分析，帮助你获得更全面的信息和洞悉问题的本质。直觉为洞察提供了一个出发点，洞察则对直觉进行加工和深化，使你能够更好地理解问题，并采取相应的措施来解决问题。在面对复杂的问题时，直觉与洞察常常是相互依存、相互补充的。它们共同构成了我们对问题的感知和理解方式，帮助我们更好地做出决策和解决问题。

另外，直觉和洞察虽然密切相关，但它们并不完全相同，也不是绝对等同的。直觉是一种非理性的感知方式，可能受到主观因素和个人经验的影响；而洞察则是对问题进行深入思考和理性分析的过程。在运用直觉和洞察时，我们需要保持开放的心态、积极的思考和合理的论证，以确保我们的判断尽可能准确、客观和可靠。

事实与价值

事实是指客观存在的，可以被观察、验证或证明的现象和情况，不受主观意识的影响。事实可以通过科学方法、实证研究或观察得出，具有普遍性和一致性。价值是人们对事物的重视程度、好恶评价以及行为选择的基准。价值是主观的、个人或社会构建的，它涉及个人的信仰、道德、价值观和文化背景等。价值与个人的需求、欲望、情感和意义有关，是主观意识的产物。

事实和价值在认识世界和行动指导方面相辅相成。事实为我们提供了客观的基础和数据，让我们了解现实世界的存在。然而，我们的价值观念、信仰和文化背景塑造了我们对事实的评价、解释和对意义的理解。

同时，价值观也可以影响我们对事实的看法和选择。我们经常根据我们的价值观来判断事实的重要性、优劣、合理性和可行性。价值观可以指导我们对事实的解读，影响我们对事实的关注程度以及选择行动的方向。因此，事实与价值是相互作用、不可分割的。事实为我们提供客观的基础，而价值则为事实赋予个人或社会的意义。我们不能将事实和价值完全隔离开来，而应该认识到它们在我们的认知、评价和行动中的共同作用。例如，某个人提出一个观点："动物权利应该得到尊重和保护。"这个观点涉及了事实和价值的两个方面。

事实方面：我们可以提供一些相关数据和观察结果来支持这个观点。科学研究表明动物拥有感知、情感和认知能力，它们能够感受到疼痛、快乐和恐惧等情绪。这些科学事实表明动物与人类一样具有能够产生痛苦和快乐的能力，因此应该受到尊重和保护。

价值方面：这个观点涉及对生物多样性、道德责任和伦理关怀等方面的价值判断。这个观点认为动物作为有感知和情感的生命体，应该享有基本的权利和福利。这是基于公平、同理心和尊重生命的价值观。从这个角度看，保护动物权利是符合这些价值观的行为。

在这个例子中，我们可以看到事实和价值之间的相互关系。科学事实为我们提供了理解动物能力和需求的基础；而价值观则指导我们对这些事实的解读和判断。事实和价值相互作用，共同构建了对动物权利的理解和支持。

然而，需要强调的是，并不是所有的观点都可以明确地区分为事实和价值，有些观点可能涉及事实和价值的混合。在讨论中，我们应该学会区分事实和价值，并根据具体情况仔细权衡和解释其关系，以推动更深入和全面的理解。尤其是在公共领域和决策制定时，应当尽力避免将个人主观的价值观强加给他人或将主观观点误认为客观事实。在处理问题和做出决策时，应当尽量依靠客观的事实数据，并将个人的价值观提供给各方进行讨论和权衡。这样有助于确保决策的公正性和合理性。

人类与机器

人类创造了机器，并借助机器的功能和技术来扩展自己的能力。机器为人类提供了工具、便利和效率，使得人类能够更加高效地处理信息和完成任务。同时，人类也对机器进行开发、控制和使用。人类通过编程和算法设计机器的行为，并利用机器来解决各种问题和挑战。人类将自己的知识、智慧和经验注入机器中，使得机器能够模拟人类的思维和行为。例如，现代医疗中常见的手术机器人系统，它使用先进的机械臂和传感器，由医生通过控制台进行操作，人类和机器的相互关系体现了"一体两面"的观点。

人类方面：人类医生作为主体，拥有丰富的医学知识、技能和经验。他们通过手术机器人系统来延伸自己的能力，进行高精度、微创的手术操作。因此，人类通过机器人系统拓展了手术能力，提高了手术的安全性和成功率。

机器方面：机器人系统作为工具，在手术中扮演着重要的角色。它们依赖于精确的传感器和算法，能够对患者的生理参数进行实时监测，并提供高分辨率的图像和影像信息。机器人系统能够执行人类医生的指令，将其手部动作转化为精密的机械运动。因此，机器人系统通过技术的优势保障了准确性、稳定性和可操作性，帮助医生实现更好的手术结果。

这个例子说明了人类与机器在医疗领域紧密合作、彼此依存的关系。人类医生通过机器拓展了能力，提高了治疗效果；机器则依赖于人类的指导和决策，为医疗操作提供技术支持。这种一体两面的合作能使医疗领域获得更大的发展。

然而,人类和机器在某些方面存在显著的差异。人类具有情感、意识和道德观念等特殊的心理和精神属性,而机器缺乏这些方面的能力。虽然机器可以模拟人类的某些行为和功能,但它们并不具备真正的主观体验和情感。因此,尽管人类与机器紧密联系,但仍存在着根本上的区别。在人类与机器的交互中,我们应当认识到人类作为主体的地位和责任,明确人类的价值和目标,确保机器的使用符合人类的利益和道德准则。同时,我们也应当关注机器的发展和使用对人类社会、就业和伦理等方面的影响,以便做出明智的决策和管理。

2. 智能的等价超越了数学的等价

能否有效产生出等价关系被视为智能出现的最重要标志之一。在认知科学和人工智能领域,智能通常被定义为具备理解、学习、推理和解决问题的能力,是否能够产生出等价关系则更是反映了智能体对事物之间关系的理解和推理能力。

等价关系的产生需要具备一定程度的抽象思维和推理能力。它要求我们能够比较和匹配不同事物之间的相似性和关联性,从而建立起一个有逻辑关系的等价类。这种能力涉及概念理解、模式匹配和归纳推理等高级认知过程。当系统或个体能够准确地识别和建立事物之间的等价关系,甚至能够从不同的角度和层面进行等价关系的推断和形成,这表明其具备了一定的智能。这种智能使得我们能够更好地理解世界、处理信息和解决问题。

在数学中,等价关系是集合论中的一种二元关系,定义在一个集合上。对于一个集合中的元素对(a,b),它们被认为是等价的,意味着它们在某个特定的上下文中具有相同的性质或属性。例如,在数学中,我们可以通过等式来表示等价关系，如2+3=5，则表示2+3和5是等价的。具体来说，数学的等价关系要满足以下三个条件。

自反性：对于集合中的每个元素a，a与自身是等价的，即(a,a)是等价关系的成员。

对称性：如果元素a与b是等价的，那么b与a也是等价的，即如果(a,b)是等价关系的成员，则(b,a)也是等价关系的成员。

传递性：如果元素a与b是等价的，并且元素b与c也是等价的，那么元素a与c也是等价的，即如果(a,b)和(b,c)是等价关系的成员，则(a,c)也是等价关系的成员。

等价关系可以用于将元素划分为等价类。每个等价类包含具有相同性质或属性的元素。举个例子，可以用等价关系将学生划分为各个年级，每个等价类代表一个年级，其中的学生具有相同的年级属性。等价关系在数学、逻辑学、计算机科学等领域有广泛的应用，例如在集合的划分、等价分区、等价类的表示等方面中起到重要的作用。

在智能领域中，等价关系不仅局限于集合论中的二元关系，更涉及较复杂的关系和语义。智能中的等价关系可以通过多种方式表示和定义，例如基于语义相似性、功能等效性或模式匹配等方法。在自然语言处理领域，等价关系可以用于词义消歧、句子相似度计算等任务。对于词义消歧任务，可以通过判断两个词是否在语义上等价，从而确定其在上下文中的真实含义。在图像处理和计算机视觉领域，等价关系可以用于图像匹配、目标识别等任务。通过比较两幅图像的特征、形状和结构等方面的相似性，可以确定它们是否等价或具有相同的特征。在机器学习和模式识别领域，等价关系也被广泛应用。例如，通过将数据样本分为不同的等价类，可以进行模式分类、聚类分析等任务，并从中推断出模式和规律。

从中不难看出，智能领域中的等价关系常常超越了集合论中的二元关系，涉及不同层面或领域的关系。这种等价关系的应用范围更广泛，可以为智能系统的设计和应用提供更丰富的功能。

智能中的等价关系可以根据具体问题的需求打破数学等价关系中的自反性、对称性和传递性，以更好地适应智能任务的要求。如上述所言，当某个关系满足自反性、对称性和传递性时，我们可以称之为数学等价关系，数学等价关系常用于智能系统中的数据处理、分类、相似性比较等任务中。但是，在某些情况下，人类的智能等价关系可以打破数学等价关系中的这些特性，以便更好地适应具体的问题。

(1) 打破自反性

在智能中，等价关系中的自反性并不总是成立。对于不同类型的任务，我们需要考虑任务的特点和所需的技能，根据具体情况训练和评估模型。打破等价关系中的自反性意味着我们需要根据任务的要求来选择适当的模型和方法，而不能简单地依赖单一的优势领域。例如，假设我们有两个任务：任务 A 是图像分类，任务 B 是图像生成。现在我们有一个模型 M1，在任务 A 上经过训练可以实现很高的分类准确率。我们还有另一个模型 M2，在任务 B 上也能够生成逼真的图像。根据传统的等价关系理论，如果任务 A 和任务 B 之间存在等价关系，并且模型 M1 优于模型 M2，则预期模型 M1 应该在任务 B 上比模型 M2 表现得更好。然而，在这种情况下，等价关系中的自反性可能会被打破。虽然任务 A 和任务 B 都涉及图像处理，但它们需要不同的技能和知识。在图像分类任务中，模型 M1 需要具备对图像特征敏感和准确分类的能力。而在图像生成任务中，模型 M2 需要具备创造性和生成逼真图像的能力。这意味着即使模型 M1 在任务 A 上表现出色，并不能保证它在任务 B 上超越模型 M2。因为任务 A 和任务 B 在所需的技能和知识上存在差异，模型 M1 可能无法适应任务 B 的生成要求。

(2) 打破对称性

有时候，智能可能需要打破等价关系中的对称性，即不将两个对象的等价性视为互相相等。一个可能的例子是社交网络中的好友关系。在社交网络中，我们通常将两个用户之间的好友关系视为等价关系，即如果用户A是用户B的好友，那么用户B也是用户A的好友。这是一个对称的等价关系。然而，在某些情况下，我们可能需要打破这种对称性。例如，假设Alice是一个非常受欢迎的用户，有很多好友，而Bob是一个比较孤立的用户，只有很少的好友。在这种情况下，我们可能不希望将Alice和Bob视为等价的好友。为了实现这个目标，我们可以使用附加条件来打破对称性。例如，我们可以定义一个"互相好友"的条件：只有当两个用户互相成为好友时，才将他们视为等价的好友。因此，如果Alice是Bob的好友，但Bob不是Alice的好友，我们可以认为他们之间没有等价的好友关系。这种情况下打破等价关系中的对称性可以帮助我们更好地理解社交网络中的好友关系，不仅仅是简单的互相连接，还可以区分用户之间的社交影响力和关系强度。

(3) 打破传递性

当涉及不同领域的知识和技能时，智能可能需要打破等价关系中的传递性。例如，假设有两个任务：任务A是识别图像中的物体，任务B是翻译文本。现在假设我们有一个模型M1，该模型经过训练可以在任务A上达到很高的准确率。我们还有另一个模型M2，其在任务B上也能够取得很好的效果。传统上，我们可以认为如果模型M1优于模型M2，并且任务A与任务B之间存在等价关系，那么模型M1也应该在任务B上表现得比模型M2更好。然而，这种等价关系在某些情况下可能并不成立。虽然图像识别和文本翻译都属于人工智能领域，但它们所需的技能、知识和方法却有很大差异。在这种情况下，我们可能需要打破等价关系中的传递性。即使模型M1在任务A上表现很出色，也不能保证它在任务 B 上能够超越模型 M2,因为任务 A 和任务 B 具有不同的特征、数据分布和处理方式,所以需要针对每个任务进行专门的训练和优化。因此,我们需要意识到等价关系的传递性并不总是成立,特别是在涉及不同领域或不同类型任务时。在设计和评估模型时,我们应该根据具体情况进行适当的训练和测试,以确保模型在特定任务上的最佳性能。

真正的智能往往可以产生无逻辑的等价关系,即在某些情况下,智能体可能会建立起看似不符合常规逻辑的等价关系,这可能是由于智能的创造性思维、非线性关联或非传统的推理方式所致。人类的思维和创造力往往超越了严格的逻辑框架,我们可以通过类比、隐喻、直觉和情感等方式来建立关联和等价关系。这种非逻辑等价关系的产生可以帮助我们发现新的见解、创造新的概念并解决问题。同样,在人工智能领域,一些创新性的模型和算法也可以产生非传统的等价关系。例如,在生成对抗网络(GAN)中,生成器模型通过学习数据分布并生成新的样本,这种生成过程涉及非线性的等价关系的建立。但是,智能无逻辑的等价关系不一定总是有效或有意义,在实际应用中,我们仍然需要考虑合理性,以保证数学等价关系的正确性和可靠性。

人机融合智能中的等价关系更倾向于指人类和机器之间的相互关系和交互。它可以是建立在协同、学习、个性化适应等基础上的关系,用于描述人类与机器之间的理解、合作和交流。虽然人机融合智能中的等价关系和数学中的等价关系都涉及相互等效或相等的概念,但其背后的概念、定义和应用方式是不同的。我们需要根据具体的上下文及涉及的领域来理解和应用这些不同类型的等价关系,并且意识到人机融合智能中的等价关系更加复杂,涉及语言理解、情感识别、合作推理等智能能力。

总之,智能等价关系超越了数学等价关系,因为它们更多地关注实际需求、任务的差异和上下文的因素。在智能领域,我们需要综合考虑多个因素,以确定最适合特定任务和环境的模型。

3. 智能的三体协同关系

传统逻辑主要关注两个物体之间的关系,如 A 与 B、B 与 C 之间的关系。对于三个或更多物体之间的复杂关系,传统逻辑可能无法直接处理。在传统逻辑中,我们往往逐一考虑每一种关系,间接分析多个物体之间的关系。然而,当物体超过三个时,关系的复杂性急剧上升,不再局限于直接的逻辑关系,还可能涌现出一些超越人们已知逻辑的新关系。这表明我们对于多物体间关系的理解还存在一定的局限性,有待进一步研究和发现新的逻辑规律。

对于三个以上物体的关系,常见的逻辑关系有传递性、对称性、反对称性等。若 A 与 B 有关系,同时 B 与 C 有关系,则 A 与 C 也有关系,这是传递性关系。若 A 与 B 有关系,B 与 A 也有关系,则 A 与 B 之间存在对称性关系。若 A 与 B 有关系,且 A≠B,则 A 与 B 之间存在反对称性关系。这些逻辑关系可以通过推理和逻辑演绎来理解。

除了上述逻辑关系,多物体间也可能涉及一些超逻辑关系,即未被我们现有的逻辑所完全包括和解释的关系。超逻辑关系可能是一些新的规律、模式或者因果关系,超越了我们目前的认知和理解。

三体协同和二体协同都是多个体通过相互作用和协作实现共同目标的过程,两者主要的区别在于参与协同的个体数量。此外,从协同效果上来说,三体协同可能展现出更强的效果。因为三个个体之间可以形成更为多样的影响和交互模式及更为丰富的协同机制,从而实现更为复杂的目标,而二体协同可能相对简单一些。

另外,从实践中来看,两者的协同方式和策略也各有特色。三体协同可能需要更复杂的沟通和协调机制,需要更高的组织和管理能力,以便协同每个个体的行动,而二体协同的配合机制可能更简单一些。

从应用领域来说,三体协同和二体协同各擅胜场。在一些需要更复杂、更大规模协同的领域,比如研发创新、复杂系统的控制等,三体协同可能更具优势。而在一些相对简单的协同任务中,比如双人合作、团队协作等,二体协同可能更常见。

总之,研究三体协同与二体协同之间的异同需要从不同的角度进行考量,包括定义、效果、策略和应用领域等。在不同的情况下,选择合适的协同方式和逻辑策略至关重要,尤其是加入了"人"这种独特的物体以后,三体协同问题将会变得更加复杂,具体表现在以下几个方面。

(1) 现有逻辑传递性的不足

逻辑传递性是一种常见的逻辑关系,它指的是如果 A 与 B 存在某种关系,且 B 与 C 也存在相同关系,那么可以推断出 A 与 C 之间也存在这种关系。这一关系的应用在推理和逻辑演绎中非常重要,但其缺点和不足也需要注意。

首先,逻辑传递性假设了关系的传递性,即在 A 与 B、B 与 C 之间存在关系时,可以推断出 A 与 C 之间也存在相同关系。然而,现实世界的复杂性使得这一假设并非总是成立。有时,虽然 A 与 B、B 与 C 存在关系,但 A 与 C 之间并不具备相同的关系。因此,在应用逻辑传递性时,我们需要注意,不能机械地将这一原则套用于所有情况,而要具体情况具体分析。

其次,在某些特殊情况下,逻辑传递性可能会引发悖论,即导致自相矛盾的推理结果,著名的例子是罗素悖论。这表明逻辑传递性在某些情况下可能不适用,需要谨慎使用。

最后,逻辑传递性在关注物体之间的关系时,容易忽略其他潜在因素的影响。在实际情况中,逻辑传递性无法涵盖所有的因素和因果关系,有时会忽略其他重要的因素,导致推理结果不准确。

(2) 逻辑对称性、反对称性关系的缺点

逻辑对称性、反对称性关系只能适用于符合逻辑规律的情况,无法处理那些具有随机性或不确定性的问题。在现实世界中,很多问题并不总是符合逻辑规律,因此这两种关系的应用范围有限。

逻辑对称性、反对称性关系多基于个体的主观判断和经验总结,因此可能受主观偏见影响,导致误判。不同的人根据自己的观点和经验可能得出不同的结论,导致结果的不一致性。

这两种关系常常作为简化和抽象的概念存在,将复杂问题简化为一些相对简单的规律和关系。然而,现实世界中的问题往往复杂多变,无法用简单的对称性、反对称性关系来全面描述。

由于逻辑对称性、反对称性关系是基于个体的主观判断和经验总结得出的,其准确性和可靠性难以保证。在实际应用中,往往需要进一步的数据和证据支持来验证和确认其有效性。

(3) 谓词逻辑在处理三体协同时可能会有困难

三体协同是一个涉及多个智能体之间的交互和决策的复杂过程。在处理这类问题时,谓词逻辑往往显得力不从心。要综合考虑多个谓词和它们之间的逻辑关系,这本身是一项艰巨的任务。

在三体协同中,每个智能体的决策和行为都可能受到其他智能体的影响,这导致问题充满了不确定性。谓词逻辑通常建立在确定性的假设上,无法处理不确定性情况。

此外,智能体在三体协同中需要根据环境和其他智能体的行为进行动态调整和协作。这种动态性是谓词逻辑难以表示的,因为谓词逻辑更偏向于静态分析。

再者,谓词逻辑的表达能力有限,可能无法准确刻画三体协同中的复杂关系和约束条件,如表示合作、竞争、协调等涉及多个智能体的交互行为。在实际三体协同问题中,数据和信息交换量巨大,谓词逻辑在处理这些大规模数据时会显得效率低下。

(4)数学意义上的"存在"与"所有"将会发生变化

对于包含"人"的多智能体协同系统而言,数学意义上的"存在"与"所有"(谓词逻辑)可能会发生变化。在传统的数学概念中,"存在"通常指的是一个元素在某个集合中是否存在,"所有"则表示所有元素都满足某个条件。然而,人作为多智能体协同系统的一部分,其决策和行为具有一定的不确定性和变化性。

在多智能体系统中,人的决策和行为往往受到多种因素的影响,包括个体的认知能力、经验、意愿、价值判断等。因此,一个人的决策或行为并不能被简单地归纳为是否存在或者是否满足某个条件。在这种情况下,数学上的"存在"与"所有"的概念可能需要进行重新考量和定义。例如,在一个多智能体协同的决策问题中,人的意愿和偏好可能会影响系统的最终结果。如果只考虑系统中其他机器智能体的事实决策,而忽略了人的意愿,那么就无法得到一个全面准确的结果。

4. 智能也是一切社会关系的总和

在马克思把人作为"一切社会关系的总和"的论述中,他并非将自然条件视为静态、固定的背景条件,而是理解为在历史进程中,由于人的活动而不断发生改变的背景条件。这些条件一开始便受到特定"生产关系"的塑形。类似地,智能——尤其是人类的智能,也是一切社会关系的总和的体现。然而,人工智能方面的诸多不尽如人意之处也源于此:它从一开始就被预设的程序所限制,缺乏人物(机)环境良好互动的社会关系和生产关系,也就没有了主动性和创造力。尽管它好像"活着",却未能实现真正的"发展"。

"智能也是一切社会关系的总和"强调了智能在社会关系、生产关系中的核心作用。这里的智能不仅局限于技术或个体的认知能力,更深入社会关系、人际互动和文化环境等多个方面。

智能技术的应用已经深刻地改变了社会关系、生产关系的动态格局。在个体层面,智能技术为人们的生活带来了更多的便利和高效;在组织层面,智能系统和算法正在改变工作方式和组织结构;在社会层面,智能技术对经济、政治、文化和教育等领域都产生了深远影响。

智能系统和算法的出现,改变了人们获取信息、进行决策和与他人互动的方式。例如,社交媒体的智能推荐算法可以根据用户的兴趣和行为,提供个性化内容,影响着社交圈和信息流动;智能城市的建设利用传感器和数据分析,优化城市管理,从而提供更好的公共服务。

此外,智能技术对社会关系、生产关系的改变还体现在组织结构和权力分配等方面,其为新型社会关系的建立和维系提供了新的方式和渠道。社交媒体、在线交流平台和虚拟社区等智能化工具和平台,打破了时空限制,扩大了社交圈子,促进了信息共享和交流。同时,智能系统的自动化和智能化特性也对人际互动产生了影响,例如智能客服、智能助手等正在替代部分传统工作岗位,改变了就业结构和劳动力市场。智能算法在金融、医疗等领域的广泛应用,也重新定义了资源分配和社会阶层。

智能的展现形式是多种多样的,可以细分为科技智能与人文艺术智能两大领域。这两者在目标、方法及应用领域上既有显著的差异,又有着内在的联系。科技智能主要聚焦于利用先进的科学技术来满足人类在生产、生活和社会各领域的需求,追求技术的创新和进步,致力于解决问题、提高效率,实现可持续发展。而人文艺术智能则更侧重于人类的情感、审美和创造力,旨在理解和模拟人类的情感认知过程,推动艺术、文学、音乐等领域的创作与表达,探索人类文化、历史和价值观的智能化应用。

在方法上,科技智能通常采用计算机科学、数据分析、机器学习等技术手段,通过对大量数据的处理和模式识别,实现自动化、智能化的任务完成。它更注重结构化的数据和精确的算法,以实现复杂的计算和决策过程。人文艺术智能则更加注重人类情感、感知和创造力的模拟和表达。它借助自然语言处理、情感计算、人机交互等技术手段,试图模拟人的情感和创造力,使机器能够理解和表达人类的艺术和文化意义。

在应用领域上,科技智能广泛应用于生产制造、医疗保健、交通运输等领域,如自动驾驶技术、智能制造系统、医学影像分析等。人文艺术智能则主要应用于创意产业、人文学科研究和艺术创作等领域,如自然语言生成、音乐创作、艺术绘画等。

尽管科技智能和人文艺术智能在目标和方法上存在差异,但两者的发展都离不开人类学、社会学、计算机科学、人工智能和数据科学等基础理论和技术的支持。而且,这两者也可以相互融合和促进,例如将科技智能的技术应用于人文艺术领域,实现更加智能化的艺术创造和表达方式。总而言之,科技智能和人文艺术智能在推动社会进步和人类发展方面扮演着重要角色,它们的相互促进和融合将有助于实现更加全面的智能化发展。

三、智能演化

1. 从个体智能到群体智能

随着科技的飞速发展和信息时代的到来,智能的概念逐渐从单一的个体智能扩展到了群体智能的范畴。个体智能主要关注单个生物或机器在特定任务上的表现和决策能力,而群体智能则强调多个个体通过协同合作和信息共享,实现更高层次的问题解决和创新能力。

个体智能的发展与特点

个体智能是人类社会进步的重要推动力。从古代的智者到现代的科学家,个体智能在推动科技发展、文化传承和社会进步方面发挥了不可替代的作用。个体智能的发展受到遗传、环境、教育等多种因素的影响,每个个体都具有独特的思维方式和创新能力。

智能可以被看作由多个不同的智能成分组成的集合体,这些成分可以在不同层次上进行分类和组合。在较低的层次上,个体智能可以包括基础的视觉、听觉、触觉等感知能力和运动能力,以及记忆、学习和推理等认知能力。在中等层次上,个体智能可以包括更高级的认知能力,例如问题解决、决策制定和规划等能力。这些能力涉及对信息的处理、分析和综合,以及对不同行动的评估和选择。在较高层次上,个体智能可以包括更复杂的能力,例如创造、创新和适应等。这些能力涉及对新情境和问题的理解和应对,以及对新知识和技能的获取和整合。

因此,个体智能需由不同等级的智能成分构成,这些成分相互协作和补充,共同决定了个体的智能水平和表现。

智能的多维等级展示了智能体在不同领域或方面的差异和特点。例如,一个人类智能体可能在数学方面表现出色,而在语言表达方面相对较弱,这种多样性和专业化使得智能体在各自擅长的领域表现出最佳状态。另外,个体智能也能在多个方面表现出优秀的综合能力,同时应对和处理多个任务和情境。再者,智能的多维等级通常不是线性的,而是随着学习和经验的积累逐渐发展的。智能体在某个领域中的表现可能会经历快速的进步阶段,然后进入平稳或缓慢的发展阶段,非线性的发展模式使得智能体在多维度上取得突破和进步。

每个智能体都有其自身的特点和潜力。即使是相同的任务或领域,不同的智能体之间也会存在差异,个体差异反映了智能体的独特性和多样性,同时也提醒我们在评估和利用个体智能时应该考虑到个体的特殊情况和需求。

然而,个体智能也存在一定的局限性。首先,个体智能受限于个体的认知能力和经验范围,对于复杂问题的处理往往显得力不从心。其次,个体智能在面对大规模数据处理和决策时,容易受到信息过载和认知偏差的影响,导致决策失误。因此,随着问题的复杂性和规模的不断增加,个体智能的局限性逐渐凸显,需要寻求新的解决途径。

群体智能的兴起与优势

群体智能(Swarm Intelligence,SI)是指自然界中生物群体通过个体间的相互作用、协作和信息交流,展现出的一种集体智能行为。这种智能行为不是由中央控制或领导者指导,而是通过简单的局部规则和个体间的直接或间接交互产生复杂的全局行为。群体智能的主要特点包括去中心化、自组织、适应性、鲁棒性、灵活性。群体智能的概念受到了自然界中许多生物群体的启发，如蚂蚁觅食、鸟群迁徙和鱼群游动等。

在人工智能领域，群体智能的概念被用于设计和开发算法，这些算法模仿自然界中的群体行为，用于解决优化、协调、学习和自适应等问题。群体智能算法通常较简单、易于实现，并且能够在大规模分布式系统中有效运行。群体智能在人工智能中的应用包括：

（1）优化算法：群体智能算法，如蚁群优化（Ant Colony Optimization，参见 Colorni et al., 1991）、粒子群优化（Particle Swarm Optimization，参见 Eberhart and Kennedy, 1995）和细菌觅食优化（Bacterial Foraging Optimization，参见 Passino, 2002），被用于解决优化问题，如路径规划、网络路由、调度和工程设计。

（2）机器人编队和控制：群体智能原理被用于设计多机器人系统的编队和控制策略，使机器人能够在没有集中控制的情况下，协同完成任务，如搜索、救援和环境监测。

（3）分布式计算：群体智能方法被用于分布式计算和网络系统中，以优化资源分配、负载平衡和任务调度。

从个体智能到群体智能的演化是一个复杂而自然的过程，涉及多个方面的转变和融合。首先，通信和信息共享是群体智能形成的基础。随着通信技术的发展，个体之间的信息交流变得更加便捷和高效。个体可以通过语言、文字、图像等多种形式进行信息共享和沟通，从而建立起紧密的联系和合作关系。

其次，协同合作和分工是群体智能发展的关键。在群体中，个体之间需要相互协作，共同完成任务。通过合理的分工和协作，群体能够充分发挥每个个体的优势，实现整体效益的最大化。同时，协同合作还能促进个体之间的学习和成长，推动整个群体的进步和发展。

最后，自组织和自适应是群体智能的重要特征。在复杂多变的环境中，群体需要具备一定的自组织和自适应能力，以应对各种挑战和变化。通过自组织和自适应机制，群体能够自动调整结构和行为，以适应新的环境和需求，保持整体的稳定和发展。

群体智能通常是由不同等级的个体智能构成的。每个个体都扮演着特定的角色，从而产生整体上的智能表现。这些等级可基于不同的标准划分，例如知识深度、技能广度、决策能力的复杂程度等。不同等级的个体智能在群体中发挥着各自的作用，它们相互补充，携手应对复杂任务。例如，在一个团队或组织中，个体的智能可以分为领导者、专家和执行者等不同等级。领导者通常具备决策能力、战略思维和领导能力，能够为整个群体设定目标和方向。专家则具备特定领域的知识和技能，能够提供专业的建议和指导。执行者则负责具体的任务执行，将决策和指令付诸实践。

故而，通过充分利用多个个体的资源和能力，群体智能与个体智能相比，有以下显著优势。首先，群体智能通过集合不同个体的智慧和经验，能够更全面地理解问题，提出更多元化的解决方案。其次，群体智能具有更强的鲁棒性和适应性。在面对复杂多变的环境和任务时，群体智能能够通过自组织和自适应的方式，快速调整策略和行动，以适应新的环境和需求。最后，群体智能能够提高决策的质量和效率，同时处理大量信息，快速做出决策，并减少个体决策中的认知偏差和错误。

值得一提的是，在群体智能的实践中，机器智能的引入为智能的展现增添了新的维度。机器智能以其高效的计算与处理能力，为个体提供了强大的支持，进一步提升了群体的智能表现。这种人机结合的模式，不仅展现了智能的多样性，也预示着智能未来发展的无限可能。

一个典型的例子是无人机系统群体智能应用于军事、搜索与救援、环境监测、农业和物流等多个领域。军事领域中的无人机编队可以协同工作,执行侦察、监视、打击等任务。通过共享传感器数据、协同规划和动态调整任务分配,无人机编队能够有效地避开敌方防御,提高任务成功率,并减少风险。例如,无人机编队模拟鸟类群体的飞行模式,进行自我组织和自适应调整,以避开飞行路径中的障碍物或敌方威胁。

在民用领域,无人机群体智能也可以用于灾害响应。例如,在地震或洪水发生后,一群无人机可以协同工作,快速评估灾区的受损情况,定位幸存者,并为救援队伍提供实时数据。这些无人机可以自主规划飞行路线,避开障碍物,并通过群体间的通信共享关键信息。

2. 从人类智能到人工智能再到人机融合智能

智能的演变与飞跃

人类智能是人类在长期进化过程中形成的复杂现象,它涵盖了认知、情感、意志等多个方面。认知使人类能够感知、理解并应对外界环境;情感使人类能够体验并表达情感,建立复杂的社会关系;意志则使人类能够设定目标、制订计划并付诸行动。

在人类历史上,智能的演进与文明的发展紧密相连。从原始社会的狩猎采集,到农耕文明的兴起,再到工业革命的爆发,人类智能在不断适应和改变环境的过程中得到了提升。尤其是近现代社会,随着科学技术的飞速发展,人类智能的边界被不断拓宽,人类对于自身和世界的认知也达到了前所未有的高度。

然而,随着科技的不断进步,我们渴望能够更高效地处理信息、解决问题和应对挑战。这就是为什么人类开始开发人工智能——一种试图模仿和扩展人类智能的技术。人工智能的出现,旨在释放人类的潜力,让我们能够专注于更高层次、更具创造性的工作。通过人工智能,我们可以处理海量数据、优化决策过程、提升生产效率,从而为社会进步和经济发展注入新的动力。

人工智能的发展离不开对人类智能的深入研究和理解。我们通过对人类智能的机理和机制进行探索和模拟,为人工智能提供了灵感和支撑。同时,人工智能的迅速崛起也反过来促进了我们对人类智能的进一步认识和理解。二者相辅相成,共同推动着智能科技的进步。

人工智能的起源可以追溯至20世纪50年代。1950年,图灵描述了可以思考的机器,并提出了"图灵测试",可以说为人工智能奠定了雏形。20世纪50年代至70年代是以推理系统为代表的第一发展阶段。在这一阶段,人们认为只要给机器赋予逻辑推理能力,机器就能具有智能。这一阶段的标志性事件就是出现了能够自动证明数学定理的推理系统,但这一系统能解决的问题十分有限,其短板暴露无遗。20世纪70年代至20世纪末则是以专家系统为代表的第二发展阶段。在这一阶段,人工智能系统开始走向专业化,出现了不同领域的专家系统,推动人工智能领域走向新高潮。然而,随着知识量的飞速增加,人工智能应用规模的不断扩大,专家系统发展乏力。21世纪初至今则是以深度学习为代表的第三发展阶段。人工智能系统获取和学习知识的能力在这一阶段大幅提升。

随着技术的不断进步和应用场景的不断拓展,人工智能的发展趋势将更加多元化和深入化。一方面,人工智能将进一步提升其学习和推理能力,使得机器能够更加智能地理解和应对复杂环境;另一方面,人工智能将更加注重与人类智能的融合与协同,实现人机融合的智能形态。

人机融合智能初探

人机融合智能实质上是指人类的非数据智能和机器的数据智能恰当融合,人类与机器实现无缝协作。这种融合将人类独特的认知、情感和创造力与机器强大的计算和数据处理能力结合起来,致力于创造出更加智能、高效、安全、舒适的系统。人类的非数据智能包括我们的思考能力、情绪感知、人文艺术和社会交流等能力,机器数据智能则依赖于大/小数据分析和机器学习算法。

在人机融合智能中,人类的非数据智能可以提供创造性思维、主观性判断和决策能力,而机器的数据智能可以提供精确的数据分析和快速的自动化处理。两者之间的协作和互动使得智能系统能够更好地理解和适应人类需求,同时也能够帮助人类做出更明智的决策和行动。这种事实与价值的有机融合不仅在科学研究领域有着广泛应用,还将在其他各个行业和领域展现其巨大的潜力。

在人机融合的过程中,清晰和模糊是两个重要的概念。清晰指的是事物具有明确的定义和边界,能够被准确地描述和处理。例如,数字、逻辑等概念可以被机器系统精确地处理和计算,而人类也可以准确地理解和运用这些概念。模糊指的是事物具有不确定性和模糊性,难以被精确地定义和处理。例如,人类的语言表达和情感体验等就具有一定的模糊性,而这些方面的处理对于机器系统来说则相对困难。

人机融合智能正是清晰与模糊交织的综合过程,它要求人类与机器系统携手合作,共同应对各种挑战。在处理清晰问题时,机器系统可以提供高效、准确的计算和处理能力;在处理模糊问题时,人类则可以提供更好的语言理解、情感体验等方面的能力。这种相互补充、协同工作的模式,使得人机融合智能在解决复杂问题时展现出前所未有的优势,从而实现更高效、更智能的处理。

为了量化评估特定环境下的人机融合智能程度,我们提出了一个公式。这一公式不考虑人机各自智能程度的绝对数值,而是专注于其在融合过程中所展现出的协同效能。人机融合智能系统中人、机协同的智能程度,其高低与两个智能体的智能程度呈正比,与两者一致性的

大小呈反比,即:

AI(人机协同)=e×AI(人)×AI(机)/K

式子里的 e 为比例系数,其结果取决于交互环境的复杂性,K 为 AI(人)×AI(机)的同向程度,即一致性程度(人、机智能具有共识性的大小)。

人机融合智能是人工智能发展的必经之路,其中既需要新的理论方法,也需要对人、机、环境之间的关系进行新的探索。随着人工智能的热度不断提升,越来越多的产品融入人们的日常生活,但是,强人工智能依然没有实现。如何将人的算计智能迁移到机器中去,这是一个必然要解决的问题。我们已经从认知角度构建认知模型或者从意识的角度构建计算-算计模型,这都是对人的认知思维的尝试性理解和模拟,期望实现人的算计能力。这一模型的研究不仅需要考虑机器技术的飞速发展,还要考虑交互主体即人的思维和认知方式,让机器与人各展所长,相互融合与促进——这才是人机融合智能的前景和趋势。

人机融合与人机交互

为了更精确地把握人机融合智能的精髓,我们首先要明确它与人机交互在概念上的区别。尽管这两者密切相关,但它们的侧重点并不相同,时常被误解和混用。

人机交互是指人与机器之间的信息交流和互动过程。它关注的是如何设计和实现用户友好的界面,使人们能够方便、高效地与机器进行沟通和操作。人机交互通常强调用户体验(如视域、听域、可达域、舒适域、情感等生理心理属性和倾向)和界面设计(如大小、形状、颜色、纹理等物理状态),旨在提供用户友好的操作界面和交互方式,使得人们可以更好地利用机器系统来完成各种任务。

人机融合智能则更加注重人与机器之间的深度融合。它的目标是使人与机器形成一种更加紧密的合作和协同关系,通过人的智能与机器的计算能力相互补充和增强,达到更高水平的智能表现。人机融合智能强调的是人与机器之间的相互理解、相互信任和相互协作。它涉及各种技术和认知领域,如人类认知、人机接口技术、智能算法、机器学习等。

总的来说,人机交互侧重于设计和改善人与计算机之间的交互方式,着眼于用户体验和界面设计;而人机融合智能则更加强调人与机器之间的智能融合和协同,追求更高级的智能表现。人机交互可以看作人机融合智能的基础,而人机融合智能则在此基础上进一步发展和完善。

从专业视角来看,人机交互更侧重于肢体动作、触摸等"脖子以下"的交互方式,如鼠标、键盘的操作或触摸屏、手势识别的应用。而人机融合智能则聚焦于"脖子以上"的交互,即机器如何通过面部识别、语音识别、眼球追踪等技术,感知和理解人类的情感、意图与需求,从而实现更高级别的智能交互。这是一个集计算与算计于一体的复杂系统,它不仅能从数据中提炼模式和规律,还能通过逻辑推理进行决策,甚至在特定情境下超越逻辑,运用非传统、非线性方法解决问题。

人类和机器之间的互补性和协同工作使得人机融合智能能够在处理复杂和多变的情境中展现出更高的适应性和灵活性。数据驱动的泛化过程和逻辑推理的运用让人机融合智能能够从过去的经验中学习,并根据数据和规则进行推理和决策。而非逻辑泛化则提供了一种突破传统思维框架的可能,开辟了新的问题解决途径。

展望未来,人机交互正朝着更加智能化、多样化的方向发展。传统的"脖子以下"交互方式将逐渐被更多具有感知和理解能力的人机融合智能交互所替代,这将使得人机交互更加自然、高效和人性化。然而,需要关注的是,这一说法并不意味着"脖子以下"的交互方式将完全被取代,而是强调未来的人机交互将更加全面、多模态和多元化。

3. 人、机器和环境之间的复杂互动

智能不仅仅局限于单一产品或单一系统的范畴,而是一个涉及人、机器和环境之间复杂互动关系的系统生态问题。

智能需要人与机器之间的有效协作和相互配合。智能系统的设计应考虑用户需求和体验,充分理解人类的认知、行为和情感特征,并提供友好的界面和交互方式,以便人们能够与智能系统进行高效沟通和合作。

智能系统需要在不同的环境条件下工作,并根据环境的变化进行适应和调整。这包括对传感器数据的解释和理解,对周围环境进行推理和决策,并采取相应的行动。智能系统要适应不同的环境场景和任务需求,能够应对各种挑战和变化。

智能系统需要通过大量的数据来训练和学习,从而具备对信息的理解和分析能力。数据的质量、多样性和时效性对智能系统的性能至关重要。智能系统还应具备学习和演化的能力,能够持续改进和优化自身的表现,并通过反馈机制不断提升智能水平。

智能的发展和应用对社会产生广泛的影响,涉及伦理、隐私、安全等诸多问题。智能系统的设计和应用需要考虑人类价值观、法律法规以及社会的可持续发展需求,包括确保智能系统的公平性、可解释性、透明度,并避免滥用和歧视等不良后果。从以上内容我们不难看出,只有在符合人机环境系统生态的基础上,智能技术才能更好地为人类提供服务,推动社会的进步和可持续发展。但是,在欠缺系统思维并过度依赖人工智能技术时,人们往往会发现"事实充分价值贫乏"或"数据丰富信息缺乏"现象。

"事实充分价值贫乏"现象指的是在某些情况下,尽管我们可以轻易地获取到大量的事实信息,但这些事实并未为我们提供足够的价值和意义。这种现象在信息时代尤为突出,人们在面对海量的数据和信息时可能感到困惑和迷失。这种现象常常是由于信息超载(当我们面临大量的事实信息时,很容易被各种信息淹没,无法有效地筛选出有价值的内容。这需要我们具备信息素养和批判思维能力,学会区分事实的真实性和可信度)、主观偏好和价值观(每个人的主观偏好和价值观不同,这也会导致对事实的选择性关注和解读。人们倾向于选择与自己已有观点一致的事实,而忽略或贬低与之相悖的信息)、信息过载与表面知识(虽然获取事实信息变得更容易,但我们常常只是停留在事实的表面,缺乏对事实的全面理解和深入思考,这使得事实难以产生更深层次的洞察和价值)、信息的关联性和上下文(单独的事实往往无法提供足够的价值和意义,需要将其放置在更广阔的背景和上下文中进行理解。只有在关联的信息网络中,事实才能真正产生连贯性和有意义的解读)等原因所造成。所以,面对"事实充分价值贫乏"现象,我们应该培养批判性思维能力,注重对事实信息的筛选和验证,同时保持开放和多元的视角,将事实放置于更广阔的语境和背景中进行理解,以寻找事实的内在价值和意义。同时,我们也需要意识到信息并非全部,深度思考和问题探索同样重要,这有助于我们更好地把握信息的价值与意义。

人机融合智能可以通过数据挖掘和大数据分析、自然语言处理和文本分析、专家系统和知识图谱、智能推荐和个性化服务等技术手段,解决"事实充分价值贫乏"现象。人类智慧和计算机的深度融合可以提供更加丰富、准确和有意义的信息,帮助人们更好地理解和应用事实。但是,目前这些技术手段还存在以下几个方面的问题。

(1) 数据挖掘不精确和大数据分析不可靠

在进行数据挖掘和大数据分析时,数据的质量对结果的准确性至关重要。如果原始数据存在噪声、缺失值或不完整的问题,或者没有经过合适的预处理和清洗,那么分析结果可能会受到影响并产生误差。因此,在进行数据分析之前,应该注重数据的质量管理和有效的预处理步骤。

数据挖掘和大数据分析涉及多种方法和模型的选择。不同的方法和模型在不同场景下表现可能有差异。选择合适的方法和模型需要考虑到数据的特点、问题的定义以及分析的目标。若选择的方法或模型不合适,或参数设置不准确,将导致结果的不精确和不可靠。因此,在选择方法和建立模型时,需要综合考虑并进行充分验证和评估。

数据挖掘和大数据分析的结果通常需要解释和验证。单一的分析结果并不能代表全部事实,还需要进一步的解释和验证,这包括与领域专家讨论、实验验证和对结果进行可靠性评估等方式。只有在多方面、多层面的解释和验证后,才能更准确地评估分析结果的可靠程度。

数据挖掘和大数据分析是由人来指导和执行的过程。人的专业知识、经验和判断起着关键作用。合适的数据选择、问题定义、方法应用以及结果解读都需要人的参与和决策。

数据挖掘和大数据分析的准确性和可靠性需要综合考虑多个因素。只有在合适的数据质量管理、方法模型选择、结果解释与验证以及人的积极参与的基础上,才能得到更精确和可靠的分析结果。此外,还需谨记数据分析本身不能替代人的判断和决策能力,需要理性看待其局限性并进行有效的补充和评估。

(2)自然语言处理不自然和文本分析不深入

自然语言处理(NLP)技术在处理人类语言时,尤其在涉及上下文、语义理解和语用等方面,仍存在一定的困难。尽管NLP算法能够进行语法分析、词性标注和命名实体识别等任务,但对于复杂的句子结构、多义词、语言的隐含含义等问题,其表现不如人类的直觉和理解。因此,在某些特定的语境下,NLP系统生成的文本可能会显得不够自然,缺乏人类语言的灵活性和流畅性。

在进行文本分析时，机器可能无法深入挖掘文本的内涵和潜在信息。虽然文本分析技术可以应用于情感分析、主题建模、关键词抽取等任务，但它们通常只能基于表层信息进行处理，而缺乏对文本背后含义和上下文的细致分析。文本中的歧义、错综复杂的语法结构以及情感色彩等因素，有时可能需要更深入的人工分析和判断才能得到准确的结果。

尽管自然语言处理和文本分析在某些方面存在局限性，但它们仍然是极具价值的技术和方法。通过进一步提高和改善，自然语言处理技术可以帮助实现机器与人类之间的沟通和交互，促进自动化和智能化应用的发展。

（3）专家系统不专家和知识图谱不知识

尽管专家系统可以通过规则、逻辑和数据推理等方式模拟专家的知识和经验，但它们并不能完全代替真正的领域专家。专家系统可能会受到知识获取有限、难以处理复杂问题、缺乏实践经验等方面的限制。因此，在某些特定领域或复杂情境下，专家系统的表现难以使人满意。

知识图谱本身只是对知识的结构化表示和组织，并不能理解和产生新的知识。知识图谱中的信息通常来自人类专家的整理和抽象，但它们缺乏对知识的真正理解和推理能力。知识图谱可以提供丰富的关系和语义信息，帮助我们在不同实体之间建立联系，但它们本身并不具备深层次的智能和认知。

虽然专家系统和知识图谱在某些方面存在局限性，但它们仍然是有价值的工具和技术。专家系统可以帮助人们进行决策支持、问题解决和模拟专家行为等任务。知识图谱在知识检索、信息推荐、语义理解等领域应用颇广。在进一步提升其性能和效果后，能实现更加智能和全面的应用。

(4) 智能推荐不智能和个性化服务不个性

一般而言，智能推荐和个性化服务的效果很大程度上依赖于收集和分析用户的数据。然而，如果数据采样存在偏差、收集不全或者数据质量较低，就容易导致推荐结果和个性化服务的不准确性，无法真正满足用户的需求。另外，部分智能系统虽然在数据处理和计算能力上表现出众，但缺乏对用户行为和意图的深入理解。这种情况下，推荐结果仅基于统计规律或相似性匹配，无法真正理解用户的喜好和背后的动机，导致推荐内容缺乏智能性和个性化。还有，有些个性化服务受限于特定平台，仅仅推荐用户已有兴趣和互动过的内容，忽视了多样化的信息和观点。这种过滤现象可能导致信息孤岛和思维定式，使得个性化服务缺乏多样性和创新性。

面对上述问题，我们可以采取以下措施来改善。首先要加强数据收集、清洗和验证，确保数据具有广泛性、代表性和准确性，避免数据偏差或缺失对推荐结果的影响。其次，给用户提供更多主动选择的机会，鼓励他们参与个性化服务的构建过程，并提供反馈意见。通过用户的明示或暗示反馈，系统可以更好地了解用户的真实需求和偏好。还有，不只依赖单一的推荐策略，可以结合基于协同过滤、内容理解以及深度学习等不同方法，建立更丰富和综合的推荐模型。同时，引入用户社交网络数据和其他领域的相关信息，打破封闭环境，提供更全面和多元的推荐服务。最后，增加智能系统运作机制的透明度，向用户展示推荐的原因和过程，让用户能够理解和信任推荐结果。同时，加强隐私保护措施，确保用户的个人数据不被滥用或泄漏。总之，改善智能推荐和个性化服务需要综合考虑数据质量、用户参与、算法优化和隐私保护等方面的因素。通过不断改进和创新，可以提升智能推荐和个性化服务的准确性、智能性和个性化程度，更好地满足用户的需求。

第二章

智思交锋

一、人类智能与人工智能的界限

1. 人类智能的秘密：非数据智能

若是把智能简单地分为人类智能与机器智能,对于人类智能而言,其关键点在于非数据智能;对于机器智能而言,其重点在于数据智能。

非数据智能是指在没有明确外部数据或固定规则引导的情况下,人们凭借内在的直觉、丰富的经验和潜意识运作,在做出决策、解决问题或展现技能时达到卓越水平。这种智能形式体现了人类大脑的复杂性和惊人的适应能力。

人类的非数据智能很多是不可解释的。这种不可解释性,指的是我们难以精确阐述或描述非数据智能背后的原因和机制。例如,当我们看到艺术家创作出的杰出作品、音乐家演奏出的动人旋律,或是专家在复杂情境下做出的精准决策时,我们往往被其魅力所折服,却难以用语言清晰阐述其背后的思维过程和决策逻辑。这种不可解释性可能源于以下几个因素。第一,人脑的神经网络极为复杂,由近千亿个神经元相互连接而成,形成了错综复杂的关联和模式。这使得人类的思维过程难以被准确地解剖和解释。第二,人类的决策和行为往往受到潜意识的影响。大部分的非数据智能可能是在我们无法察觉的情况下形成的,潜意识中蕴含了丰富的经验和模式识别能力,但我们无法清楚地描述其具体运作方式。第三,人类的非数据智能往往涉及综合多种信息和因素,并在不同的情况下灵活应用,这种复杂性导致难以精确地将其归结为单一的规则或原则。

尽管非数据智能在很多时候显得不可解释,但这并不意味着它们是毫无道理或随机的。相反,这种不可解释性可能正是人类智慧的独特之处。我们通过对输入数据的模式和关联进行学习和提炼,从中提取出有价值的特征和规律,并基于这些规律做出预测或决策。只是因为模型的复杂性和参数数量巨大,我们暂时还难以理解其中的运作方式。

人类非数据智能的关键在于等价性认知,而非单纯的相等。等价性认知是指在没有充足数据支持的情况下,通过逻辑推理、经验知识、类比思维等方式对问题进行认知和解决。这种认知方式假设不同信息源可以达到相似或相等的效果,即不依赖具体数据的数量和质量。相比于机器学习和数据驱动的智能系统,人类的思维和决策过程更为丰富多元,它不仅利用已有数据,更能借助逻辑推理、先验知识、类比思维等能力,进行灵活的推断和决策。特别是在数据匮乏或难以获取的情况下,人类能够运用这些认知能力填补信息空白,弥补数据不足。例如,在医疗保健领域,由于医学数据的隐私性和有限性,经验丰富的医生常能凭借非数据智能,对患者状况进行精准预测和诊断。当然,这并不意味着数据在所有情境下都是可忽视或不重要的。数据仍然是一种重要的信息来源,能够提供客观的事实和统计分析。

人类学习的特点是无数据学习,即通过经验获取和自主探索来获得知识和技能。虽然在某些情况下会借助外部数据和指导,但主要还是通过感知、思考和实践来进行学习。这样的学习方式使得我们能够具备适应性、创造性和灵活性,对于应对复杂多变的现实世界具有重要意义。人类学习并非完全依赖于事先准备好的数据,而是通过直接观察、体验和参与来获取经验。例如,婴儿学习语言时,并没有事先标注好的语法规则和单词列表可供参照,而是通过不断聆听、模仿和表达来逐渐掌握语言能力。此外,人类学习还包含一种自主探索和无监督学习的过程,通过这一过程,我们观察、实践,发现规律,建立认知模型,并从中提炼出宝贵的信息和知识。

在这些知识中,常识是人类非数据智能的核心,因为它构建了我们的基础知识体系,是我们理解现实、沟通交流、引导思考和判断的重要工具。常识是人类通过日常经验和学习所掌握的基础知识和普遍规律,包括语言、数学、科学、社会规则等各个领域的理解和应用。这些常识性知识构成了我们思考、决策和行动的基础,帮助我们辨别事实和虚假,识别逻辑关系和矛盾之处,并进行合理的推理和论证;使我们能够根据已有的知识和经验,对新的情境进行推断、判断和预测;帮助我们在信息不完全或模糊的情况下做出合理的决策,并适应不同的环境和变化;使人们可以明白彼此的意图,理解对方的表述,建立信任,进行有效的互动,参与合作。

故而,人类智能的本质是价值关联型智能而不是数据处理型智能。后者通过对数据的分析和模式识别来实现特定任务的目标,但在缺乏数据或领域知识的情况下可能受限于其功能。相比之下,价值关联型智能强调了人类智能中的价值观维度。人类智能深受文化、道德、伦理和情感等因素的影响,能够根据内在的价值观和目标进行思考和行动。因此,人类的智能更为综合和全面,涵盖了价值判断和意识形态等方面,而非仅仅依赖于数据处理。这种价值关联型智能是人类独有的特质,也是我们与机器智能之间的重要区别。

2. 人工智能的缺点:数学≠逻辑≠智能

人工智能的缺点是把数学当成了逻辑,同时还把逻辑当成了智能。

毋庸置疑，数学在人工智能领域中发挥着不可或缺的作用，它提供了构建模型、优化算法、概率推理、机器学习和数据分析等关键工具，帮助实现智能系统的自主学习、决策和优化能力。数学对智能发展的作用巨大，具体如下。

（1）数学提供了构建智能模型和算法的基础。通过数学建模，可以抽象出问题的本质，并定义关键的特征和变量。数学优化方法可以帮助优化模型的参数和超参数，以实现更好的性能和效果。

（2）统计学和概率论为智能系统提供了不确定性建模和推理的工具。通过概率模型和统计推断，可以处理不完全或噪声数据，并进行概率推理、决策分析和预测。

（3）机器学习是智能系统实现自主学习和自适应的关键技术。数学方法在机器学习算法的设计和训练中起着重要作用，包括线性代数、概率论、优化算法等。数学模型可以描述神经网络的结构和连接权重，使其能够从大量数据中学习和发现模式。

（4）数学方法在数据分析和决策支持中发挥重要作用。通过数学统计方法，可以从大规模数据中提取有用的信息和洞察，并用于智能系统的决策制定和问题解决。

（5）数学优化理论和控制理论为智能系统的优化和自适应控制提供了理论基础。通过数学模型和优化算法，可以实现智能系统的最优控制、资源分配和路径规划等关键功能。

然而，尽管数学在智能领域有着广泛的应用，但它并不能完全等同于智能。数学是一门抽象的学科，它利用符号和公式描述现实世界的问题，而智能则更多地关注解决具体问题，与真实世界进行交互。数学以逻辑和推理为基础，追求精确性，而智能系统的决策和行为却常常受到数据噪声、信息不完整以及问题复杂等因素的制约，存在一定的误差和不确定性。因此，将数学等同于智能，无疑是忽略了智能的复杂性和多样性，也限制了人工智能的发展潜力。

在肯定数学模型为智能系统带来诸多优势时，也应意识到其潜在的负面影响和局限性。

（1）依赖数据质量：数学模型通常基于输入数据的准确性和完整性。如果数据存在错误或缺失，数学模型可能会产生不准确或不可靠的结果。

（2）缺乏上下文理解：数学模型往往是基于抽象的符号和算法，缺少对上下文和语境的理解。在处理自然语言理解、语义分析等复杂任务时，数学模型可能会失去对语义和情境的准确理解。

（3）难以处理不确定性：现实世界中存在大量的不确定性，例如噪声、不完全信息和随机变量等。数学模型往往难以处理这些不确定性，可能导致预测不准确或决策错误。

（4）限制于已知规则和模式：数学模型通常依赖于已知的规则和模式，而对于未知的规律和新的情况，数学模型可能无法有效应对。这使得在面对新问题时，数学模型可能需要重新调整和优化。

（5）无法处理主观性和价值观：数学是一种客观的科学，难以捕捉到人类的主观性和价值观。在决策和伦理领域，数学模型往往无法提供明确的答案，需要人类的主观判断和道德考量。

以下两个具体例子可以帮助我们更深入地理解上述局限性。

（1）社交媒体算法的过度个性化

社交媒体平台使用数学模型来推荐内容，以吸引用户并增加参与度。这些算法往往基于用户的历史行为和兴趣进行个性化推荐。然而，过度个性化可能导致信息的"过滤气泡"效应，使用户只接触到符合其观点和偏好的内容，而忽略了其他观点。这可能导致信息的片面性、误导性和极端化，进而加剧社会分裂和偏见。

（2）深度伪造技术

深度学习模型可以用于生成逼真的伪造视频、音频和图片，称为深度伪造。这项技术可能被恶意使用，例如制作虚假的新闻报道、政治宣传或欺诈行为。这种伪造技术的出现引发了社会信任危机，对个人和企业的声誉造成了威胁，并增加了信息真实性和可信度的验证难度。

这两个例子表明，尽管基于数学模型构建的人工智能有助于解决问题，但在应用过程中需要谨慎考虑其潜在的有害影响。相关利益方需要负起责任，确保人工智能技术的开发和应用符合道德和法律要求，并采取适当措施来管理风险、促进透明度和确保公正性。此外，用户在接触和使用人工智能技术时也需要保持警惕，培养批判性思维和媒体素养，以更好地理解和应对人工智能带来的各种问题。

进一步说，在智能领域，数学并不像伽利略所言是"描述宇宙的语言"，它无法全面描述智能。智能是一个非常复杂的概念，常常涉及内外认知、情感、意识等多个层面和因素。为了更全面地理解和描述智能，我们需要借助多种语言和方法。物理学的原理和知识帮助智能系统更好地理解和操作物理世界，实现更精确、高效和智能的功能。心理学和认知科学关注智力和思维过程，通过实验和观察来研究人类的认知功能和行为表现。神经科学通过研究大脑的结构和功能，揭示智能活动的神经机制。计算机科学探索如何通过算法和计算模型来模拟和实现人类特定智能。哲学对智能的本质和哲学问题进行深入思考，提供了哲学角度的智能描述。除了学科领域的语言，自然语言也是描述智能的重要工具。通过语言交流，我们可以描述和表达智能行为、思想和感受。语言不仅是智能交流的工具，也是我们理解和描述智能的媒介之一。因此，为了全面描述智能，我们需要综合运用数学、心理学、神经科学、计算机科学、哲学和自然语言等多种语言和方法。这些语言共同构成了我们对智能的理解和表达的多重维度，让我们更全面地研究和应用智能。

3. 主动与被动：智能运作模式的对比

人类智能可以被视为一种主动智能，具有自主性，因为它具有自我意识，能够自主决策并拥有目标导向的能力。人类可以主动地寻求知识、感知环境、思考问题、制订计划，并采取行动来实现目标。人类智能还具备学习和适应的能力，在面对新的情境和挑战时，能够自主选择和决策，主动地调整自己的认知和行为并且有自己的价值观和目标。人类智能还与情感和道德等方面紧密相连，这使得我们能够表达情感、建立人际关系并做出道德判断。

相比之下，机器智能通常被认为是一种被动智能。机器智能更多地依赖预先定义的算法和模型进行运算和推理。它缺乏真正的自我意识和自主决策的能力，无法主动地感知和理解环境，也无法自主地制订目标和计划。机器智能的行为是由预先编程或训练好的模型所决定的，它们在特定的情境下执行任务，响应输入并产生输出。

然而，需要指出的是，随着人工智能技术的发展，机器智能正在逐渐向更自主、更主动的方向发展。例如，强化学习等技术使得机器能够通过试错和反馈来学习和优化自己的行为。此外，自然语言处理和计算机视觉等领域的进展，也使得机器能够更好地感知和理解人类的语言和行为。这将带来更广泛的应用和可能性，同时也引发了对于人工智能与人类社会相互关系的重要讨论。

4. 时空感知：人类与机器对世界认知的异同

从时间的角度来看，人类对于时间有着主观的感知和理解，可以感受到时间的流逝和变化。人类的活动和思维会受到时间的限制和影响,具备记忆、回忆、计划等与时间相关的认知能力。我们可以根据过去的经验和未来的预期来决策和行动。同时,人类的时间感知也与情绪体验、目标意识等因素相互交织,使得时间对于人类具有更加复杂的意义。

相比之下,机器不具备与人类类似的主观时间感知和理解能力。机器的运行和计算是基于时钟同步和精确的计时器机制,可以进行精确的时间测量和计算。机器可以按照定义好的规则和算法进行任务执行,但并没有独立的时间感知和主观的时间体验。机器的时间运作更多地依赖于硬件和软件的设计以及物理运行的速度。

从空间的角度来看,人类具备感知和理解三维空间的能力。我们可以通过视觉和触觉等感官获取周围环境的空间信息,并进行定位、导航和交互。人类可以感知物体的位置、形状、大小等特征,拥有复杂的空间认知和操作能力。

机器在空间认知方面也有一定的能力,例如通过传感器和摄像头获取环境信息,通过算法和模型进行物体识别、跟踪、定位等任务。然而,机器的空间感知和处理往往是基于离散的数据和符号表示,缺乏对空间的直观理解和综合的认知能力。机器对于空间的处理更多地依赖于几何学和计算模型的应用。

不仅如此,人类对时间和空间的感知是相对灵活的。我们可以感知时间的流逝,可以处理多个事务之间的优先级和先后关系,可以做出合理的时间规划和安排,进行灵活的行动和交互,而机器通常需要通过预设的定时和调度机制来处理任务。

综上所述,人类和机器在时空感知上存在差异。人类具备主观的时间感知和复杂的空间认知能力,而机器更多地依赖于精确的计时和离散的数据处理。这种差异使得人类和机器在应用和交互中各具特点和限制,也为人与机器之间的合作和协同提供了机会和挑战。

5. 逻辑：智能处理问题的不同路径

当面临一个复杂的问题时，人类能够根据具体情况选择适当的逻辑关系、推理上下文信息，并处理模糊和不确定的情况。与之相比，机器智能通常依赖于预先编程的规则或模型，逻辑关系可能较为固定。正是这种卓越的灵活性，使得人类在日常生活中，能够更好地运用逻辑思维，展现出独特的智慧和解决问题的能力，例如：

（1）人类可以同时处理多个逻辑关系，并根据具体情况应用适当的关系。考虑以下陈述："如果明天下雨，我会带伞；而且如果我朋友也来参加聚会，我会带雨伞给他。"在这个例子中，人类能够同时使用条件语句和逻辑与关系，根据天气和朋友的到来情况来决定是否带伞，并根据具体情境进行判断。

（2）人类在处理逻辑关系时可以利用上下文信息进行推理。考虑以下对话："A：我要去超市买苹果。B：那里有苹果和橙子。"在这个例子中，尽管B没有直接回答A的问题，但由于上下文中谈论了超市的水果种类，人类能够推断出超市有苹果。

（3）人类可以根据情境选择合适的逻辑连接词，以更好地表达逻辑关系。考虑以下论述："A喜欢阅读书籍或者看电影。"在这个例子中，使用的是"或"连接词，表示两种选择之一。然而，如果背景是A同时喜欢阅读书籍和看电影，人类可以灵活地选择使用"和"连接词，以更准确地表达。

（4）人类在处理逻辑关系时能够处理模糊和不确定的情况。考虑以下陈述："如果我感到累，我可能会休息。"这个陈述中的"可能会"表达了一种不确定性，人类可以理解并处理这种模糊情况，而不需要严格的二值逻辑判断。

人类在处理逻辑关系时通常具有更强的推理能力和抽象思维能

力。我们可以基于多个逻辑关系进行推理,并将它们应用于更广泛的领域。例如,我们可以从多个关系中推断出新的结论。机器智能在处理与逻辑关系相关的问题时可能更依赖于训练数据和模型的输入,对于抽象概念的理解可能有一定局限性。通过推理链、比喻和类比、条件推理、逻辑谬误的识别以及数学推理等方式,人类能够运用已知的逻辑关系和抽象思维来解决复杂的问题,并得出准确的结论。这种推理能力和抽象思维能力是人类智能的独特优势,例如:

(1) 人类可以进行复杂的推理,基于已知的逻辑关系来得出新的结论。例如,考虑以下情况:A>B,B>C,C>D。人类可以推断出 A>D,尽管没有直接给出这个关系。

(2) 人类在处理逻辑关系时可以使用比喻和类比的思维方式。例如,当遇到一个新问题时,我们可以将其与我们之前遇到过的类似问题进行类比,并利用已有的逻辑关系来解决新问题。

(3) 人类可以进行条件推理,根据已知的条件来得出结论。例如,考虑以下情况:"如果今天下雨,那么街上会湿。"人类可以根据这个条件推理,如果看到湿街,则可以推断出今天下雨了。

(4) 人类可以识别和纠正常见的逻辑谬误,如偷换概念、非黑即白的思维等。通过辨别和纠正这些错误,我们能够更准确地处理逻辑关系并得出正确的结论。

(5) 人类可以在数学领域中进行抽象的逻辑推理。例如,证明数学定理、解决数学问题时,我们需要运用符号、符号推理和抽象思维,将复杂的逻辑关系转化为可理解的形式。

人类在处理逻辑关系时,可能会受到主观因素和经验的影响。相比之下,机器智能在处理逻辑关系时是基于规则和算法进行决策和推理的,不受主观因素和经验的干扰。个人的信念、情感状态、经验知识以及上下文的误导和认知偏差都可能导致人类在理解和应用逻辑关系

时产生偏见、错误判断或失真。理解并纠正这些影响是发展更准确的逻辑思维的重要一步,例如:

(1)人类的个人信念和价值观可能会影响他们对逻辑关系的理解和判断。例如,一个人可能根据自己的信仰或偏见来选择、解释和应用逻辑关系,而不是基于客观的证据和推理。

(2)人类的情绪和情感状态可以影响他们对逻辑关系的处理。例如,当一个人心情愉快时,他们可能更容易接受积极的逻辑关系,而在消极的情绪下可能会过度强调负面的逻辑关系。

(3)个人的经验和知识背景会对逻辑关系的处理产生影响。人类倾向于使用已有的经验和知识来解释与应用逻辑关系,但这也可能导致忽视其他可能性或产生偏见。

(4)人类在处理逻辑关系时可能会被上下文误导。上下文信息的缺失或错误理解可能导致人类对逻辑关系做出错误理解和判断。

(5)人类存在各种认知偏差,这些偏差可能影响对逻辑关系的处理。例如,选择性注意偏差、确认偏差和群体偏差等认知偏差可能导致人类的逻辑推理出现错误或失真。

人类具有较强的学习和自适应能力。我们可以通过学习来改善自己的逻辑推理能力,并在新的情境下应用所学知识。然而,机器智能通常需要通过大量的训练和数据来获取逻辑关系,并且在未经过适当的训练和调整之前相对固定。人类通过持续的学习和实践,能够逐渐提高逻辑思维水平,并在各种情境下灵活应用所学知识,例如:

(1)人类可以通过学习逻辑学和相关学科来掌握新的逻辑规则和推理方法。例如,学习形式逻辑、谬误识别和证明技巧等内容可以提高人类的逻辑推理能力。

(2)人类可以学习和培养解决问题的策略,如分析、归纳、演绎和反证法等。通过学习这些策略,并在不同情境下进行实践,人类可以提高自己的逻辑推理和问题解决能力。

（3）人类可以通过经验的积累来提高逻辑推理能力。通过在实际情境中不断应用逻辑推理，人类可以从中获得反馈和经验教训，并改进自己的推理过程。

（4）人类可以通过不断挑战和思考来拓展自己的逻辑推理能力。尝试解决复杂问题、思考抽象概念和进行辩论等活动可以促使人类思维的深入和自我修正。

（5）人类可以通过将学到的逻辑规则和策略应用到不同领域和问题中来扩展自己的逻辑推理能力。

总之，人类智能和机器智能在处理逻辑关系时存在一些差异。人类智能在灵活性、上下文理解、推理能力和主观性方面具有优势，而机器智能在处理大规模数据和快速执行已知逻辑关系方面更强大。通过结合两者的优势，我们可以创建更强大、更灵活的人机融合智能系统。

在人机融合智能中，与、或、非关系仍然存在，并且在某些方面可能会发生一些变化，以下是几个可能的变化。

（1）与关系（and）：在人机融合智能中，与关系可以更加灵活和精确地实现。机器可以通过大数据分析和算法处理，提供更多的信息和条件，而人类可以运用自己的判断和经验，进行更复杂的逻辑推理。人类和机器的合作可以在不同层次上进行，从简单的逻辑连接到更复杂的多条件判断。

（2）或关系（or）：在人机融合智能中，或关系的表达也可以更加灵活。机器可以通过学习和分析多种情况和可能性，提供更全面的选择和方案。人类可以通过与机器的交互和反馈，进一步明确需求和取舍，最终确定最合适的选择。

（3）非关系（negation）：在人机融合智能中，非关系的表达可能更加直观和个性化。机器可以通过情感识别技术和自然语言生成等技术，更准确地理解人类的意图和情感,以更贴近人类需求的方式进行反馈和回应。此外,人类也可以通过与机器的互动和指导,帮助机器更好地理解和表达否定的意图。

在人机融合智能中,人类和机器之间的相互协作和交互可以进一步丰富逻辑关系的表达和应用方式。机器可以通过大数据分析和算法处理,提供更全面、准确的信息和推理结果,而人类可以运用自己的经验,进行更复杂、灵活的决策和判断。这种相互补充和协同的关系有助于提高智能系统的智能性和人性化水平,以更好地满足人类的需求和期望。例如,当一个命题为真,另一个命题半真半假时,机器智能常常无法确定整体的真假情况。这是因为半真半假具有两种可能的情况:一种是半真的部分与真命题一致,另一种是半真的部分与假命题一致。用一个例子来说明:

命题A:今天下雨。命题B:我要带伞。

如果A为真,意味着今天确实下雨。但是B半真半假,表示我可能带伞,也可能不带伞。所以,机器智能无法确定整体情况:如果A为真,B为假,则整体为假,表示我不带伞;如果A为真,B为真,则整体为真,表示我带伞。而对于人类智能而言,则相对要灵活自如得多:视具体情况来决定最终是否要带伞。

6. 排序:智能决策机制的差异

排序需要对数据进行分析、抽象、决策和优化,以获得最佳的结果。因此,无论是人类智能还是机器智能,排序都是实现智能决策和优化的关键一环。

机器智能排序的本质可以归结为数学的排序。排序算法是计算机科学中研究和应用最广泛的算法之一,它们基于数学原理和逻辑,通过特定的比较和交换操作来对数据进行排序。人类智能的排序和数学的排序有许多不同之处。以下是人类智能排序具有的几个特点。

（1）主观性：人类智能的排序是基于主观的评价和偏好进行的。人们可以根据自己的价值观、喜好、经验等因素来进行排序。每个人都有自己独特的排序标准和权重分配，因此同样一组数据可能会在不同人之间有不同的排序结果。

（2）多维度考量：人类在进行排序时，通常会考虑多个因素，并综合这些因素进行决策。这些因素包括数值大小、基本规则、情感倾向、实用性、可行性、时间成本、风险，以及个人的主观喜好等。

（3）上下文感知：人类在进行排序时，会考虑当前的上下文环境和具体应用场景。不同的环境和场景对排序结果的要求可能不同。人们会结合具体情境和需求，灵活调整排序标准和权重，以便达到更适合当前情况的排序结果及更好地满足实际需求。

（4）适应性和学习能力：人类具有适应性和学习能力，可以根据反馈和经验不断调整排序策略和标准。人们可以根据过去的经验和反馈进行自我调整和改进，从而提升排序结果的准确性和满意度。通过观察和评估排序结果，可以根据实际情况调整排序策略、修改权重、引入新的排序因素等，以达到更优的排序效果。

（5）灵活性和创造性：人们可以根据具体情况进行灵活的权衡和判断，甚至可以创造出全新的排序方式和标准。这种灵活性和创造性使得人类智能的排序与众不同。人类可以提前对数据进行一些预处理，以加快后续的排序过程。例如，可以使用某些启发式算法或者分组策略对数据进行预排序，将相似的元素或者部分有序的子集聚集在一起，从而减少实际排序所需的比较次数和操作复杂度。

虽然人类智能的排序具有一定的灵活性和创造性，但它也受限于人类的认知能力和处理能力。在处理大规模数据或者复杂问题时，人类的排序能力可能会受到时间和空间限制,无法如机器算法般高效和准确。因此,在大规模数据排序或者高效排序场景下,往往还是需要借助数学算法和计算技术来完成排序任务的。数学的排序具有以下几个特点。

(1)客观性:数学的排序是基于客观规则和准则进行的,不受主观因素的干扰。数学排序算法使用确定性的规则和比较方法,如数值大小或字典序等,来对元素进行比较和排序。相同的输入数据在相同的排序算法下会得到一致的排序结果。

(2)算法性:数学的排序依赖于特定的排序算法。常见的数学排序算法包括冒泡排序、选择排序、插入排序、归并排序、快速排序等。这些算法基于严格定义的步骤和规则,通过交换或移动元素来实现排序。数学排序算法具有确定的时间复杂度和空间复杂度,并且可以在预期的时间范围内完成排序。

(3)一致性:数学的排序是一致的,即对于相同的输入数据,无论何时何地进行排序,得到的排序结果都是相同的。这种一致性使得数学排序具有可重现性和可预测性。

(4)效率性:数学的排序算法通常被设计为高效的算法,在处理大规模数据时能够保持较低的时间复杂度。一些高级的排序算法,如归并排序、快速排序和堆排序等,可以在 $O(nlogn)$ 的时间复杂度内完成排序,使得数学排序在实际应用中能够高效处理大规模数据。

(5)可扩展性:数学的排序算法可以应用于各种数据类型和数据结构。无论是数字、字母、字符串还是其他自定义的数据类型,数学排序算法都可以根据相应的比较规则进行排序。同时,数学排序算法也可以应用于不同的数据结构,如数组、链表、树等。

在人机融合智能排序中,人类可以利用自身的智慧、经验和直觉,对数据进行理解、归纳和决策,而机器可以利用强大的计算能力和算法,处理大规模数据并提供高效的排序算法。可以通过以下方式整合人类排序与机器排序。

(1) 制订排序规则：人类可以根据特定的需求和场景制订排序规则，确定排序的重要指标和优先级。这些规则可以基于人类的领域知识、专业经验和价值判断。通过人的参与，可以实现对排序过程的主动控制和灵活调整。

(2) 数据预处理：人类可以通过数据的清洗、筛选和预处理等方式，为机器提供更加可靠和准确的数据，包括数据去噪、数据标注、特征提取等步骤，以消除数据中的干扰和噪声，提升机器排序的性能。

(3) 人工干预和修正：在机器排序结果产生后，人类可以对结果进行审核、修正和反馈。通过人的参与，可以纠正机器排序中的偏差、错误或不符合实际需求的情况，提高排序结果的准确性和可靠性。

(4) 结果解释和可视化：人类可以通过可视化技术来展示排序结果，并提供解释和分析。这有助于人类理解排序结果的含义，发现数据中的模式、趋势和异常情况。通过可视化，人类可以更好地与机器智能进行交互，深入挖掘数据的内涵。

二、智能的突破之困

休谟之问,由苏格兰哲学家休谟(David Hume)在《人类理解研究》(*An Enquiry Concerning Human Understanding*)中首次提出,深刻探讨了事实与价值之间的微妙关系。在休谟看来,事实,作为可以通过经验观察来获取的客观存在,与价值这一主观性的概念,即个体对事物的态度和评价,形成了鲜明的对比。他进一步质疑:从对一个事物现状的描述中,我们如何能够推导出应当如何行动,即如何从纯粹的事实中抽取出价值判断?这一疑问实际上触及了哲学中一个经典而深邃的难题——"应该是什么取决于是什么"。

长久以来,人们习惯性地认为事实能够自然导向价值,似乎从事物的特征和性质中就能自然而然地推导出对其的评价。然而,休谟却对这种看似理所当然的推导提出了质疑。他明确指出,描述性陈述——关于事物是什么的陈述,无法直接导出规范性陈述——关于事物应该是什么的陈述。休谟之问的深远影响,使得无数哲学家和社会科学家对此进行了深入思考,从而深化了我们对事实与价值等关系的理解。

在现代科技与智能领域,休谟之问所揭示的问题仍然具有深刻的现实意义。特别是在智能系统的决策过程中,如何在客观事实的基础上做出恰当的价值判断,成了亟待解决的难题。休谟之问的核心之一,在于对因果关系的认知。智能系统在处理海量数据和学习模式时,虽然依赖于统计推断和模式识别,但这些方法并不能真正揭示事物之间的因果关系,从而在处理复杂问题时显示出其局限性。

此外,归纳问题也是与休谟之问紧密相连的重要议题。归纳是从个别实例中提炼出普遍规律的过程,然而,其有效性在很大程度上依赖于我们对世界的先验知识和经验。对于缺乏这些条件的智能系统而言,归纳过程往往充满了挑战。再者,智能系统的知识主要来源于训练和学习,这种知识的局限性使得它们在处理人类的抽象概念、情感以及非显性知识时显得力不从心。

综上所述,尽管智能技术取得了长足的进步,但休谟之问所揭示的问题仍然是智能发展的瓶颈所在。以下将从五个方面探讨智能的突破之困。

1. 事实与价值:反映现实的角度

事实、价值与非数据

事实是客观存在的情况或事件,可以通过观察、实验证据等方式加以验证和证明。事实通常可以被广泛接受和认可,不受主观意见和个人感受的影响。价值是人对事物的评价或偏好,是主观的、个人的看法和态度。价值涉及人的信仰、道德标准、审美观念等方面,不同的人可能对同一事物有不同的价值观。在表征事实时,可以采用客观、中立、可证实的方式,例如通过科学实验、调查研究等方法来获取和展示事实的真实情况。而在表征价值时,可以采用主观、个人化的方式,例如表达个人观点、情感和价值判断,强调个体的主观体验和主观认知。事实和价值在某些情况下可能会相互关联,例如某种事实可能会对人们的价值观产生影响,而人们的价值观也可能影响他们对事实的认识和评价。然而,事实和价值在本质上是不同的,需要在表征和讨论时加以区分。

事实包含多种类型的信息,可以是客观可量化的数据,也可以是非可量化的内容,例如经历、经验、目击者的证词等。这些信息可能无法通过数字或统计数据加以精确描述,但它们仍然可以作为事实的一部分。

事实还可以分为主观事实和客观事实。个人的感受、情感、观点和解释都可以构成主观事实,尽管它们不是普遍的共识或可被广泛接受。这些主观事实在某种程度上反映了个体对特定事物或事件的看法和理解。客观事实则是指不以人的意志而改变的事物。

此外,事实也可以获取自各种来源,包括专家意见、文献资料、历史记录等。这些来源提供了数据信息,也包括了非数据的信息,如专业见解、描述性文字、评论和报告等。在了解和分析事实时,我们需要综合考虑多种来源和类型的信息,以便获得更全面、准确的认识。

价值是人类思维和行为中重要的组成部分,它反映了人们对于什么是重要、有意义和有道德的东西的看法。价值可以包括个体的利益、社会公平、人权尊重、环境保护等方面。

与之相对应的是数据,数据通常是客观、可量化的信息。数据可以通过观察、测量和统计来收集,具有客观性和可验证性。数据可以帮助我们了解事实、发现规律和预测趋势,但不能直接提供关于价值的答案。

价值和数据的关系复杂而多样化。数据可以作为支持和辅助价值判断的参考,但并不能决定什么是正确的或道德的。价值取决于主观判断、文化背景、情感倾向等因素,在不同的人和不同的文化中可能存在差异。因此,价值常常是非数据的。在日常生活和决策中,我们需要综合考虑数据和价值,使二者相辅相成,达到更全面、准确、合乎道德的判断和决策。

价值与事实之间的关系是一个复杂的问题,涉及哲学、社会科学等多个领域的讨论。从某种程度上说,价值与事实可以相互影响和融合。

事实可以提供数据和信息,帮助我们了解世界的真实状况;而价值是人们对事实的评价和认知,是对事物的好坏对错的判断和取舍。在实际生活中,我们常常会将价值观念引入对事实的认知和解释中。我们的价值观念会影响我们对事实的理解和解释,以及对事实重要性的评估。同时,事实也可以对我们的价值观念产生影响,有时候事实的发现和变化会引起我们对价值观念的重新评估。

虚实融合的概念意味着我们在认识事实的过程中,不能完全摒弃主观的价值观念,而是需要将事实和价值相互结合,综合考虑。这也意味着我们需要对事实保持开放的态度,接受可能出现的新证据和观点,不断修正和更新我们的价值观念。

事实与价值的泛化

事实的泛化是指通过观察和体验收集到大量的事实数据,并将其归纳总结成一般性的规律或模式。价值的泛化则是指将特定情境下的价值评判扩展到更广泛的情境中。人类与机器在泛化上的不同之处可以从以下几个方面体现。

人类在学习新任务或领域时,通常只需要相对较少的示例和经验来进行泛化。然而,机器学习算法通常需要大量的训练数据来获得良好的泛化性能。这种能力使得人们能够从有限的经验中获取普遍的知识和技能,并将其应用于新的情境和任务中。当一个人第一次见到一只狗时,尽管没有见过所有品种的狗,但他们往往能够将这个具体的实例泛化到更广义的概念——狗。即使在之后遇到不同种类、大小或颜色的狗时,人们仍能够把它们识别为狗,并推断出它们具有某些共同的特征和行为。孩子们在学习语言时也展示了小样本的泛化能力。他们从有限的语言输入中,通过观察和模仿,可以学会使用并理解诸如单词、语法规则和句子结构等抽象概念。尽管他们只接触到了有限的语言示例,但他们可以运用所学的规则和概念来组织和创造新的句子。

人类在面对新问题时,往往能够借鉴以往解决类似问题的经验,从而将已有的知识应用于新情境。比如,一个人可能之前解决过类似的数学问题,尽管数值和具体情况不同,但他们可以运用相似的解题方法和思维模式来解决新问题。

人类有着强大的抽象思维能力,在面对新情境时,具有更强的弹性和创造力,既可以从具体事物中归纳出普遍规律和抽象概念,并将其应用于不同的情境,也可以从已有的知识中提取抽象概念,并将其应用于新的问题,甚至在缺乏明确指导和反馈的情况下,也能够灵活地调整和适应变化,发现新的解决方案和创新思路。机器学习算法在某些情况下也可以实现类似的功能,但通常需要明确的特征工程或数据表示来达到相似的抽象水平,而且机器学习算法的归纳和推理能力通常受限于已有的训练数据和模型结构,缺乏人类的创造性思维,因此机器学习算法在面对新领域时通常需要重新训练或进行领域适应。

人类通常倾向于以整体性的方式思考问题,并将各个部分组合起来形成一个全面的认识。我们能够从综合的、多样化的信息中获取洞察,将不同的因素和上下文联系起来,以获得更全面的理解。相反,机器学习算法通常通过对单独的特征或数据点进行处理,难以直接获取对问题的整体理解,缺乏综合信息的能力。

人类在推理过程中,能够进行非线性的思维和推断。我们可以从一个概念跳跃到另一个不相关的概念,并建立它们之间的联系。这种非线性推理能力使得人类能够形成新的洞察和创造性的解决方案。然而,机器学习算法通常更依赖于线性关系和统计规律,难以进行同样程度的非线性推理。

人类的归纳和推理能力超越了基于统计概率的推理。虽然机器学习算法在处理大规模数据和统计模式识别方面表现出色,但人类具有一些独特的认知能力,使我们能够进行更广义、高级的推理。

人类可以观察并理解事件之间的因果关系。我们能通过观察和思考,推断事件之间的因果联系,并预测结果。这种因果推理能力使我们能够从个别实例中推断出普遍规律,并预测未来的情况。相比之下,基于统计概率的推理通常只能确定事件之间的相关性,而无法揭示具体的因果机制;通常只能在已有数据的范围内进行泛化,无法抽象出更高层次的概念。

人类具备逻辑推理的能力,能够识别和运用逻辑规则和演绎推理。我们可以通过分析前提和使用逻辑规则来得出结论,并进行推理链的构建。这种逻辑思维能力可以帮助我们进行复杂的推理和问题解决。相比之下,基于统计概率的推理通常缺乏深层次逻辑结构,更侧重于数据之间的统计相关性。

最重要的是,人类还具备非逻辑推理的能力。非逻辑推理是指人类在解决问题和做出决策时,不仅仅局限于严格的逻辑规则,还可以使用模糊的逻辑、类比推理等非严密的推理方式。这些推理方式与经验、直觉和创造性思维密切相关,与传统的演绎逻辑推理相比,更具灵活性和适应性,能够应对现实世界中的模糊性、不完全性和复杂性。它们是人类认知能力的重要组成部分,使得我们能够进行高级思维、创造性问题解决和决策制定。

从上述阐述中我们不难看出,人类的泛化是一种情与理混合的推理形式,即泛化在人类智慧中既有情感、直觉等因素的影响,又有基于理性和逻辑的推理过程,更有还未发现逻辑的涌现。相比之下,机器泛化的本质就是基于已发现逻辑的理性计算。

事实与价值信息的坍缩

事实与价值的坍缩过程指的是在人与机器智能进行交互时,由于机器智能的回答和信息输出受到编程算法和数据训练的限制,人们难以准确区分机器智能提供的信息是基于客观事实还是主观价值观。以下是人机交互中可能发生的事实与价值坍缩过程的一些情况。

(1)主观评价被误认为客观事实:AI机器人可能会根据其编程和模型训练所产生的偏好或价值观,将其回答中的主观评价误传递为客观事实。这可能会给用户造成误导,使其很难判断所获得的信息是否真实或客观。

(2)无法提供详细背景和依据:由于AI机器人的回答受到字数或时间限制,它可能无法提供足够的详细背景和依据来支持其提供的信息。这可能导致用户难以判断该信息的来源和可靠性。

(3)信息的简化和概括:为了提供简洁明了的回答,AI机器人可能会将复杂的事实或观点简化或概括,从而忽略了一些重要的细节和背景信息。这可能导致用户对问题的理解存在偏差。

(4)无法理解情感和非语言信息:AI机器人在交互中可能难以理解情感和非语言的信息,如语气、表情和身体语言等。这可能导致它无法准确捕捉到用户的情感需求,从而产生回答与用户期望相违背的情况。

了解和意识到这些因素有助于我们更好地理解交互信息的局限性,并采取有效的沟通策略来减少误解和歧义。在人机交互过程中,我们或许可以通过提供明确的提示和解释,强调客观数据和权威来源,增加背景信息和细节,支持情感和非语言交流,以应对事实与价值信息的坍缩过程。

事实和价值的弥散、聚合与叠加

事实与价值的弥散与聚合指的是,在多智能体中,不同个体和群体对事实和价值的理解和认同程度的差异。

弥散(分解)指不同的个体和群体可能基于不同的经验、学习、认知背景等,对于同一组事实有不同的理解和认知。这导致对于事实的解释和评价存在差异,即事实的弥散,这种弥散可能源自智能体认知水平、信息获取渠道的差异、个体偏见等各种因素。聚合(统一)指尽管个体和群体对于事实的理解有所差异,但在特定的背景下,可能促使个体和群体的价值观趋于相似,从而使得对于事实的理解和评价更加一致。这种聚合可以是通过常识、交互影响等方式形成的。

在人机交互具体场景中,事实和价值经常会发生弥散聚合的现象。

(1)智能助理是一个人工智能系统,它可以回答用户的问题、提供有用的信息和执行任务。在与用户进行交互时,它将事实和价值相结合。例如,当用户询问某个地点的天气时,智能助理会提供准确的事实信息(例如当前温度和天气状况),并根据用户的个人喜好和习惯提供相应的价值判断(例如提醒用户带伞)。

(2)社交媒体平台使用推荐算法来分析用户的兴趣、偏好和行为,为用户提供个性化的内容推荐,将事实和价值相结合。例如,当用户喜欢和分享一篇关于健康饮食的文章时,推荐算法会根据这个事实提供更多相关的内容(例如,其他健康饮食的文章),并根据用户的价值判断提供更适合的文章(例如,适合素食主义者的健康饮食文章)。

(3)智能家居系统可以通过与用户的交互来提供各种服务和功能。当用户要求智能家居系统打开灯光时,系统会根据事实(例如当前时间和灯光开关状态)执行相应的操作。同样地,系统也会根据用户的价值判断(例如用户的节能意识)来调整灯光的亮度和颜色,以提供更符合用户喜好和价值观的体验。

事实与价值之间存在相互影响和相互作用。个体和群体的价值观念会影响对事实的解释和评价,同时事实的认知和理解也可以影响个体和群体的价值观念,这种互动影响使得事实与价值之间的关系更加复杂和动态。通常情况下,事实与价值常常是叠加在一起的。

事实与价值的叠加是指在处理问题、评估事件或形成观点时,将事实与个体或群体价值观念相结合的过程。对于事实与价值的叠加,常常有以下一些看法。

(1)事实是客观存在的,而价值是主观的。事实是可以被观察和证明的,而价值是人们根据自己的情感、信仰和经验所形成的观点。因此,在叠加事实与价值时,应该注意区分客观事实和主观价值的不同性质。

(2)事实与价值的叠加是不可避免的。人们无法完全客观地看待问题,因为每个人都有自己的价值观念。因此,在分析和评估事实时,无法避免主观因素的介入。

(3)事实与价值的叠加可能导致不同的结论。由于每个人的价值观念不同,对同一组事实的评价可能会有不同的结果。这也是为什么人们对同一事件常常会有不同的看法和观点。

(4)事实与价值的叠加需要合理和理性的思考。在叠加事实与价值时,应该尽量避免个人偏见和情绪的影响,而是要基于客观事实进行评估和判断。这需要具备批判性思维、逻辑思维和分析能力。

(5)事实与价值的叠加需要尊重他人的观点。由于每个人的价值观念不同,对同一组事实的解读和评价也会有差异。因此,应该尊重他人的观点和意见,促进理性、平等和多元的讨论与交流。

事实与价值的混合处理

在现实世界和虚拟世界、事实和价值、机器和人类之间存在着巨大的差异和矛盾,而更困难的是这些差异和矛盾之间的交集和融合。虚拟世界是一种抽象的、数字化的存在,而现实世界则是具体的、物质的存在。虚拟世界中的事物可以被随意更改和塑造,而现实世界中的事物则受到自然规律的制约和限制。同样,事实和价值之间也存在着巨大的矛盾。例如,在某些情况下,追求真相可能会损害人们的利益和情感,而追求利益则可能会歪曲事实和真相。在机器和人类之间也存在着同样的情况。机器是一种由人类创造出来的工具,它们可以执行各种任务和作业,然而,机器缺乏人类智慧和情感,它们不能像人类一样思考、创造和体验情感。因此,在机器和人类之间的融合中,需要找到一种平衡,使机器能够协助人类完成各种任务,同时人类的智慧和情感也得以在任务中体现。

事实与价值的混合处理是人机交互的难点,主要体现在以下几个方面。

(1) 事实与价值的界限模糊:事实是客观存在的,可以通过数据和证据来支持或证明;而价值是主观的,涉及个人或群体的观点、信仰和偏好。在人机交互中,很难准确界定事实与价值的界限,因为不同的人或不同文化背景下的人,对同一个事实可能有不同的解读和评价。

(2) 人机认知差异:人类和机器在认知方式上存在差异。人类可以基于经验、情感和直觉等因素来判断事实与价值,而机器更多地依赖于逻辑和算法。因此,在人机交互中,如何使机器更好地理解和处理人类的价值观念,成为一个挑战。

(3) 算法的公正性和偏见:在人机交互中,机器学习算法被广泛应用于处理大量的数据和信息,以提供决策和建议。然而,算法本身可能存在偏见和不公正性,因为它们是基于历史数据训练得到的。这就需要人机交互设计者在算法中引入价值观念和道德原则,以确保算法的公正性和可信度。

事实与价值的混合处理是人机交互的难点,需要在技术和设计层面上进行充分的思考和探索,以实现更好的人机共存与合作。

2. 计算与算计：思考世界的方式

计算（computation）指的是使用特定的规则和步骤进行数值或符号处理的过程，涉及数学运算、逻辑推理、数据处理等各种形式。计算通常是由计算机或其他计算设备执行的，以解决问题或实现特定的功能。计算是一种精确、系统化的操作，基于输入的数据和预定义的算法，通过执行一系列的计算步骤来生成输出结果。人类利用计算能力进行各种工作和活动，例如数学运算、科学研究、编程等。

算计（calculating）强调的是一种心算或头脑运算的能力，涉及人类在脑中进行数学或逻辑运算的能力，而不依赖于外部计算设备。算计可以在没有纸笔或计算器的情况下进行，通过运用自身的思维和推理能力进行数值估算、逻辑推理、快速计算等。算计通常更加灵活自由，但也可能因为人的错误或不精确性而产生一些误差。算计是人类智能的独特表现，可应用于各种情境，如社交互动、商业谈判、政治决策等。

通过计算，可以处理大规模的数据和复杂的问题；而通过算计，可以利用人类的智慧和创造力来解决不确定和模糊的情况。智能的融合意味着将计算的精确性和速度与算计的灵活性和直观性相结合，从而实现更加智能化的系统和技术。

计算与算计的区别和联系

计算的本体是事实性概念，算计的本体是价值性偏好。计算的主体是人，算计的主体是包含人的系统。计算的主体可变，本体不变；算计的主体不变，本体常变。计算使用参数建模，算计创造参数建模。计算常常是以感—存—算—传—用—馈—评的顺序展开，而算计往往根据具体情况打破这一秩序组合，可以感—存—算，也可以感—算—评。

对于计算来说，如果是客观事实输入，那么就会输出确定性的客观事实,可谓真凭实据、实事求是,是理性的逻辑推理。算计则不然,即使是客观事实输入,也不一定就会输出确定性的客观事实,即真实的输入可以因改变从而输出价值,可谓实事求义,是感性的非逻辑实现。例如,输入23,可以是乔丹,也可以是詹姆斯等。

对于不同领域的东西进行变化平衡的处理,是算计的核心,而计算恰恰讲究相同的结构、相同的数据、相同的性质,算出的结果往往是不变的、确定的。

计算与算计的关系也是密不可分的。计算的过程中需要算计来指引方向,算计的过程中也需要计算完成基础性的工作。计算不能改变事实性概念,但可以改变操作的人;算计中人的系统不能改变,但价值性的偏好却常常改变。因此只有二者结合才能实现更好的智能。

一般而言,人工(机器)智能擅长客观事实(真理性)计算,人类智能优于主观价值(道理性)算计。当计算大于算计时,可以侧重人工智能;当算计大于计算时,应该偏向人类智能;当计算等于算计时,最好使用人机智能。费曼说:"物理学家们只是力图解释那些不依赖于偶然的事件,但在现实世界中,我们试图去理解的事情大都取决于偶然。"但是人、机两者智能的核心都在于:变,因时而变、因境而变、因法而变、因势而变……

真实的博弈过程,表面上是数学计算的理性过程,实际上还有算计的感性过程,更准确地说是计算计的过程。双方不仅在理性中刀光剑影,还存在着大量感性因素的波谲云诡,是事实与价值混合在一起的文理之战。

如何实现人的算计(经验)与机的计算(模型)混合后的计算计系统呢?太极八卦图就是一个典型的计算计(计算+算计)系统,有算有计,有性有量,有显有隐,计算交融,情理相依。其中的"与或非"逻辑既有人经验的、也有物(机)数据的,即人价值性的"与或非"+机事实性的"与或非"。人机融合智能及深度态势感知的任务之一就是要打开与、或、非门的狭隘,比如大与、小与,大或、小或,大非、小非……大是(being)、大应(should)、小是(being)、小应(should)。

人类的算计(谋算)与机器的计算

智能是模糊和清晰的混合体。智能系统在面对复杂、不完整或模糊的信息时,可能需要进行或模糊或清晰的处理来做出决策或提供解释。

算计(谋算)提供了一种方式来描述和处理不确定、模糊或模糊边界的概念。通过使用模糊集合、模糊关系和模糊规则,智能系统可以对模糊信息进行建模和推理,以便更好地处理不确定性的情况。同时,智能系统也可以利用清晰的逻辑、精确的数据和准确的计算(算法)来进行决策和推理,以便在面对明确的问题或可靠的信息时提供更确切的答案和解决方案。根据具体的情况和需求,在处理模糊性和不确定性时使用算计模糊技术,而在处理清晰和确切的问题时使用准确的计算逻辑和方法。这样的混合可以使智能系统更加灵活,以及适应不同的情境和任务。

人类在算计(谋算)方面有着独特的优势,而机器则在计算方面具有显著的优势。人类在算计方面擅长的原因包括以下几点。

(1)主观判断:人类能够结合自身的情感、道德观念和经验来做出主观判断和决策。这种主观判断在某些情况下非常重要,特别是在涉及伦理、道德和复杂社会情境的决策中。

(2)创造性思维:人类具有创造性思维和想象力,能够提出新的观点、构建新的概念和解决问题的方法。创造性思维需要灵感和直觉,而这些是目前机器无法完全模拟的。

(3)社交能力:人类具有复杂的社交能力,能够理解他人的情感、意图和动机。在交流和合作过程中，人类能够适应各种不确定性和变化，并进行灵活的协商和决策。

机器在计算方面也具有独特的优势。

（1）大数据处理：机器能够高效地处理大量的数据，并进行快速的计算和分析。机器学习和人工智能技术使得机器能够从海量数据中提取有价值的信息和模式。

（2）高速计算：机器能够以极高的速度执行计算任务，远远超过人类的计算能力。这使得机器能在短时间内完成复杂的计算和优化问题。

（3）精确性和可靠性：机器在进行计算任务时通常能够保持高度的精确性和可靠性。它们不受情绪、疲劳或其他主观因素影响，能够按照事先设定的规则和算法执行任务。

在许多情况下，人与机器的结合可以发挥各自的优势，实现更好的结果。例如，人类可以利用机器的计算能力来辅助决策和解决复杂问题，而机器可以通过学习人类的经验和行为来提升自身的智能和算计能力。

人类通过算计（谋算）的方式不断思考、推理和分析，发现并发明了计算方法。在古代，人们通过观察天象和自然现象，进行数学的推导和计算，从而发现了一些基本的计算方法。例如，古代埃及人通过观察河水的涨落，建立了一套基于水位高度的计量系统。古希腊的数学家们通过几何推导和逻辑思考，发明了一些计算面积、体积和角度的方法。随着时间的推移，人们在科学、工程、经济等领域的发展中，不断通过算计的方式发现和创造出更高效、更精确的计算方法，如代数运算、微积分、统计学等。因此，可以说算计方式促进了计算方法的发现和发明。

计算与算计的界限

计算与算计两者之间的界限并不清晰,因它们在某些方面有一定的重叠。我们可以从以下几方面来理解它们的界限。

(1) 方法和过程

计算更注重通过逻辑和数学运算处理数据来获得结果,依赖于特定的步骤和公式;算计更倚重于思考、推理和判断的过程,注重主观的判断和价值取舍,强调个人或群体的主观意愿和选择。

(2) 目的和应用

计算主要用于解决特定的问题、获得准确的结果或实现特定的目标,它在科学、工程、金融等领域具有实际应用。算计通常用于决策制定、问题解决、战略规划等方面,涉及更多的主观判断和综合考量。

(3) 数据和信息

计算更加关注对数据进行处理、转换和运算,通过特定的算法和公式来获得结果,强调数据的精确度和准确性。算计更注重对信息的理解、解读和分析,将信息和知识进行整合和综合。

计算与算计在决策与分析中各有侧重,前者强调准确性和精确处理,后者注重权衡和综合利益。在实际应用中,计算和算计常常交叉影响,相互依存。智能系统通过结合两者,能更全面有效地处理复杂问题,实现综合决策与精确分析。

3. 主观与客观:洞察事物的视角

事物的属性与观察者有关吗?

康德(Immanuel Kant)是18世纪德国哲学家,他在《纯粹理性批判》(*Kritik der reinen Vernunft*)中提出了"先验认识"和"后验认识"的区分。根据康德的观点,我们只能通过感知和经验来认识外部世界。然而,我们的感官和认知能力具有主观因素,这会影响我们对事物属性的理解和解释。因此,我们所认识到的事物属性是与我们的认知结构和经验背景相关的。同时,他认为存在一种称为"现象"的认识层面,即我们所感知到的事物的表象。这些现象是由我们的感官经验和思维结构塑造的,并不直接反映事物的本质或属性。而事物的本质或属性,即"物自体",则超出我们感知和理智的范畴。因此,康德认为,我们无法获得完全客观的认识,我们所认识到的事物属性受到我们的感知、理解和认知能力的限制。

对于他的观点之一"事物的属性往往与观察者有关",我们可以从不同角度进行解读。从哲学上来看,这个观点反映了主观相对论的思想。根据主观相对论,人的感知和认知受主体自身意识和经验的影响,因此不同的观察者可能会对同一事物产生不同的理解和描述,从而导致事物属性的差异。从科学角度来说,在某些情况下,观察者的存在和行为方式可能会对所观察的事物产生直接影响。例如,在量子物理学中,观察者的测量行为可以改变粒子的状态。在这种情况下,观察者的参与确实与事物的属性有关。总的来说,康德的这个观点强调了观察者了解事物需要考虑的角色,并提醒我们保持开放的心态去认识世界。

在量子物理学中,存在着一种称为"波函数坍缩"或"量子测量"的现象。根据量子力学的超定性原理,一个粒子在未被观察之前可以处于多个可能的状态,这些状态用波函数来描述。而当我们对该粒子进行观测或测量时,波函数将会"坍缩"到一个特定的状态,并且观察结果也将呈现出特定的值。具体来说,当观察者与粒子进行相互作用时,他们之间的系统从一个纠缠态(通常由波函数表示)转变为两个分离的态:观察者的意识和所观察的粒子。这个过程就是量子测量。在这个过程中,观察者测量某个特定的物理量(比如位置、动量等),然后得到一个特定的测量结果。而在获得测量结果之前,我们无法确定粒子的确切状态,只能通过波函数的概率分布来描述。量子测量带来的波函数坍缩和观察结果的确定性是量子力学中一个重要而神秘的特性。至今,科学界仍在探索和解释这一现象的本质,尽管存在不同的观点和理论,但实验结果一致表明,观察者的存在和测量行为对量子系统产生了显著影响,改变了粒子的状态。

从上述观点我们可以看出,事物的属性常常与观察者之间存在一定的关联,但在某些情况下,也可以认为事物的属性与观察者是相对独立的。有人认为,某些属性是事物本身所具有的客观特征,与个体的主观因素无关。例如,一个物体的尺寸、形状、质地等属性可以被普遍接受,并且不受个体主观意愿的影响。也有人认为,科学研究常常通过客观测量和实证研究来确定事物的属性,以减少主观因素的影响,通过使用标准化方法和工具,科学家可以得出更为客观和可靠的结论,从而降低观察者个体差异对事物属性的影响。在一些领域,如数学、自然科学等,人们通过长期的研究和实践积累了一系列共享的知识,这些知识可以视为较为客观的真理。它们能够使事物的属性在一定程度上与观察者的主观因素无关,但特定的客观事实和规律也可以对观察者的主观判断产生影响。例如,光的折射定律、重力定律等客观规律会直接影响观察者对相关属性的认知,使得它们与观察者的主观因素无关。

事物的属性与观察者是否相关,究其根本将涉及客观和主观这对用来描述事物或观点性质的且互相对立的概念。主观指的是与主体思维、感知和体验相关的个人观点、情感和价值观。主观性强调个体的主观认知、主观体验和主观表达。主观性的判断基于个人的知觉、理解和感受,受到个人主观意识和情感的影响。客观指的是事物存在于外部世界中,与观察者的主体性无关。客观性强调客观事实、客观规律和客观真理。客观性的判断基于事实、证据和科学研究,具有普遍性和共享性,不受个人主观意识的影响。

智能，从根本上而言，或许既是客观的映射，也是主观的反映。主观与客观的混合处理也正是正确决策的难点，主要有以下几个方面的原因。

（1）主观与客观的互相影响：人们的价值观念和信仰往往会影响他们对客观事实的解读和评价，同时，对客观事实的认知也可能塑造和改变人们的价值观念。因此，在决策过程中，正确理解和处理主观与客观的关系至关重要。

（2）价值观念的主观性：价值观念是主观的，不同的人或群体可能对同一事实有不同的评价和偏好。这导致在决策过程中，不同的价值观念可能会产生不同的结果。如何在考虑多样化价值观念的同时，寻找和确立共同的目标和价值成为一个挑战。

（3）不完全的信息和不确定性：有时候，事实本身并不清晰或者存在不确定性，这就需要决策者基于有限的信息和判断来做出决策。与此同时，价值观念也可能在不确定性的情况下发生变化，进一步增加了正确决策的难度。

主观与客观的混合要求决策者在考虑事实的基础上，合理处理和权衡不同的价值观念，并在信息不完全和不确定性的情况下，做出有利于整体利益和可持续发展的决策。

客观事实与主观价值：数据的二象性

在智能领域，人机交互面临多重瓶颈。机器在理解和生成语言上仍有局限，难以完全解读复杂的人类语言；其上下文理解和记忆能力也受限，尤其在复杂对话中；人机情感交互的缺失，使得机器难以捕捉和回应人类的情感需求；个人数据和隐私安全问题频发，令人担忧；用户对机器的接受度和信任度仍待提升，尤其在敏感领域。

然而，追根溯源，你会发现多重瓶颈根源在于数据的二象性——客观事实与主观价值。与光具有波粒二象性相似,数据也具有客观事实与主观价值的二象性。数据既可以作为客观的事实,反映真实的观测结果或实际情况;也可以包含主观的价值观、解释和偏见。数据的解读、分析和使用都可受到人们的主观认识和目的的影响。事实性数据通常是通过观察、测量和统计得出的客观事实,它们可以为决策和研究提供基础,例如气温记录、人口统计等。而价值性数据往往包含了主观的评价、意见和偏好,例如对一个产品的用户评价、政治调查结果等。了解数据的二象性对于正确理解和应用数据至关重要。

数据的客观性是指数据所代表的信息与现实世界的真实情况相一致。例如,某地的温度数据是根据实际温度测量获得的,人口统计数据是基于实际的人口普查或统计调查得出的。这些数据的客观事实性与机器无关,而是取决于数据的来源、采集方法和验证过程。机器在数据处理的过程中可以进行算法和模型的运算,但这只是基于已有数据进行分析和推断,并不会改变数据的客观性。然而,机器在处理数据时可能会受到算法和模型的偏差或错误的影响,需要谨慎使用和验证算法的准确性。在使用数据时,我们应该关注数据的来源和质量,以确保数据的客观性和可靠性。

数据的主观价值常常受到开发者和使用者主观意见的影响。主观价值性指的是数据在个人或组织的观点、需求和偏好方面的价值。开发者和使用者可能会选择采集特定类型的数据,根据自己的目标和需求来确定数据的主观价值。他们可能会根据自己的主观判断决定数据的收集方式、变量的选择、数据的解释和呈现方式等。例如,一个公司可能会根据市场调研数据来确定新产品的需求和潜在市场。在这个过程中,公司开发者和使用者的主观意见将会影响数据的主观价值性,他们可能会选择特定的调研方法、问题设置和数据分析方式来获取与他们目标一致的结果。

数据的二象性对信息论有重要影响。信息论是研究信息的量和传输的理论。客观事实可以用信息论的概念来进行量化和传输,例如通过使用熵的概念来度量信息的不确定性和不可预测性。然而,主观价值无法用信息论的概念来准确度量和传输,因为它是个人的主观体验和感受。在信息传输和处理过程中,数据二象性的存在使得客观事实和主观价值往往混合在一起。人们经常根据自己的主观价值对客观事实进行解读和选择性搜集信息。这种选择性和主观性会影响信息的传输、处理和理解,进而对信息论的应用产生影响。因此,在信息论中,需要注意数据客观事实和主观价值的二象性,并在信息的传输和处理过程中加以考虑。这包括了对信息的来源、选择、验证和解释的审慎和批判性思考,以及对不同观点和价值观的尊重和包容。只有这样,我们才能更好地理解和利用信息论的原理和方法。

数据的二象性影响控制论的运用。控制论是一种研究系统的调节和控制的理论,它涉及数据的采集、处理和反馈。控制论运用客观事实来进行系统的监测和测量,并根据这些数据来调节和改变系统的行为和状态。同时,因为个人的观点和价值观,人们会对数据进行选择性的加工和反馈,从而影响系统的控制和调节。所以,在控制论的应用中,需要审慎地对数据进行收集和处理,以确保数据的准确性和可靠性;同时,也需要尊重和包容不同的观点和价值观,以避免主观偏见对系统的控制产生不良影响。只有这样,控制论才能更好地实现系统的稳定和目标的达成。

数据的二象性对于系统论的影响也是显著的。系统论关注的是整体和部分之间的相互作用和关系。数据作为系统论的重要组成部分,其客观事实和主观价值的二象性会影响系统的运行和决策。首先,系统论强调的是对系统的客观事实进行分析和模拟,以便更好地理解和预测系统的行为。准确、可靠的客观数据对于系统论分析和预测的有效性至关重要。同时,在系统论中,人们对数据的主观解释和评价可能会对系统的设计、决策和优化产生影响。例如,在制定系统目标和约束条件时,人们的主观价值会影响其对系统性能的评估和优先级的确定,以及对系统行为与结果的解释和评价。系统论强调的是整体性思维和系统性思维,需要在考虑系统的客观事实的基础上,充分考虑各个参与者的主观价值和目标,只有在充分理解和应用数据的客观事实和主观价值的基础上,系统论才能更好地分析系统行为,进行预测和优化,从而实现系统的目标和效益,应对复杂的实际问题。

总体而言,数据的客观事实和主观价值的二象性影响着人-机-环境系统的不同方面。

(1)数据收集和处理:在数据的收集和处理过程中,人们需要确保数据的客观性和真实性。同时,人们的主观偏好和经验也会影响数据的选择和处理方式。例如,在机器学习算法中,人们需要选择适当的数据集来训练模型,这就涉及主观选择和价值判断。

(2)数据分析和决策:在数据分析和决策过程中,人们需要同时考虑数据的客观事实和主观价值。数据分析是基于数据的客观事实进行的,但是人们的主观经验和价值观也会对数据的解读和决策产生影响。例如,在市场调研中,数据分析师需要根据市场趋势和客观数据来做出决策,但同时也需要考虑自己的主观判断和经验。

(3)数据传播和应用:在数据传播和应用过程中,人们需要将数据的客观事实传达给其他人或机器,并且需要考虑数据的主观价值对于接收者的影响。传播数据的方式和使用数据的目的都会受到主观偏好和价值观的影响。例如,在媒体报道中,记者需要将客观数据传达给读者,同时也会通过选取特定的数据或解读来传达自己的主观观点。

从上述内容,我们不难看出,数据的客观事实与主观价值二象性是人机之间难以实现双向平等交互的根源之一。数据本身是客观的,仅仅是对事物的描述和记录，不带有评判和价值观。但是，在数据的采集、处理和利用过程中，人的主观意识和价值观会不可避免地介入其中，从而影响数据的解释和应用。

人类在处理数据时会受到自身的主观意识、价值观和经验的影响，可能会对数据进行选择性的解读和分析，从而产生不同的结论和决策。这种主观性可能导致数据被误解、误用或者出现偏差。而机器在处理数据时，缺乏人类的主观判断和价值观，只能依赖事先编程的算法和模型进行处理，难以理解和处理数据中的主观性。

另外，人类在选择、收集和组织数据时，会受到自身的主观意识和价值观的影响，从而决定了数据的内容和结构。这种主观性可能导致数据的局限性和片面性，使得机器难以全面理解和利用数据。

因此，要实现人机之间的双向平等交互，需要在数据的采集、处理和利用过程中充分考虑和平衡客观事实与主观价值的二象性，这涉及数据的标准化和规范化、算法的优化和调整，以及人机之间的有效沟通和协作。同时，还需要加强对数据的解释和应用的透明度和可追溯性，以减少主观性对数据交互的影响。

4. 态势感知：获取、理解与预测

态势感知是指在一定的时空条件下，对环境中的元素进行感知，对其意义进行理解，并对其未来状态做出预测（Endsley and Garland，2000）。在态势感知中，"态""势""感""知"这四个概念各自具有特定的含义。

"态"是指事物或系统的状态或状况。它既可以是物理系统的量子态，也可以是认知系统的心理状态，包括环境、情况、情绪等各种要素。"态"提供了整体的背景和基础信息，为后续的感知过程提供了上下文。

通过观察和测量，我们能够了解物理系统的状态，例如粒子的位置、动量等；同时，我们也能够通过自我反思和意识体验了解我们的心理状态。

"势"是指事物或系统中潜在的发展趋势、动向或能量，涉及趋势分析、预测、模型等。"势"帮助我们理解和预测未来的变化，以便做出相应的决策和行动。例如，在物理系统中，势场决定了物体运动的路径和行为，我们通过观察和分析这些运动过程来推断势的存在和性质。

"感"是指感知者对外部环境和态势的感知和认知，通过感官观察、传感器、监控设备等手段实现。"感"部分通过接收外界的信号和信息，并将其转化为可理解的形式，使我们能够感知和理解周围环境中的各种特征和情况。例如，对人类而言，不同感觉通道（如视觉、听觉、触觉等）可以同时接收到多个刺激，使我们产生丰富的感觉体验。

"知"是指对获得的信息进行处理和分析。它通过数据分析、模式识别、机器学习等技术，帮助我们处理大量的数据，发现隐藏的模式和规律，并提供具有深度和广度的信息。"知"涉及对感觉信息的整合、解释和归纳。例如，当人类面对复杂的感官输入时，我们的认知系统会对不同感知信息进行纠缠和叠加，以形成对外界的综合认知。

人类与机器的态势感知

人类的态势感知能力是通过大脑感知、处理和解释来自外界的各种信息形成的。这些信息包括视觉、听觉、触觉、嗅觉、味觉等感官信息，以及周围环境的温度、湿度、气压等。大脑的神经元通过对这些信息的处理和组合，形成了对周围环境和自身状态的认知和理解，从而使人类具备了对不同情境的适应能力和决策能力。这种能力与人类的生存和社会交往密切相关，在人类的进化过程中逐渐发展和完善。

机器的态势感知能力是通过传感器、计算机视觉、语音识别、自然语言处理等技术实现的。传感器可以收集外部环境的物理量，如温度、湿度、气压、光线等，同时也可以收集机器自身状态的信息，如速度、位置、姿态等。计算机视觉可以通过图像处理技术对图像和视频进行分析，从而识别出物体、人物、场景等信息。语音识别和自然语言处理可以将语音和文本转化为可处理的数据，从而实现对语音和文本的理解和分析。通过这些技术的组合，机器可以对周围环境和自身状态进行感知、判断和分析，从而实现对各种情境的适应。这种能力在自动驾驶、智能家居、智慧城市等领域中有广泛的应用。

主动和被动是一个相对的概念，它们的确立取决于主体性的确立和主客体二分的确立。在哲学和心理学中，主体性是指一个主体对于自己的存在和思想具有自我意识和自我认知的能力。当一个主体确立了自己的主体性，它就能够主动地思考、行动和创造，从而表现出主动性。反之，如果一个主体没有确立自己的主体性，它就会处于被动状态，只能被外界的事物和环境所影响和支配。主客体二分是指将世界分为主体和客体两个方面，主体是指能够思考、感知和行动的存在，客体是指外界的事物和环境。当主体和客体二分确立时，主体就能够主动地探索和改造客体，从而表现出主动性。反之，如果主客体二分没有确立，主体就会失去对客体的认识和控制，处于被动状态。因此，主动和被动的确立取决于主体性的确立和主客体二分的确立。在实际生活中，我们可以通过加强自我意识和自我认知的能力，确立自己的主体性，从而表现出更多的主动性。同时，我们也可以通过认识和探索外界的事物和环境，确立主客体二分，从而主动地探索和改造世界。

人类是主动态势感知，因为人类具有主观意识和自主性，可以通过感知和思考来主动了解周围环境的变化和趋势。而机器是被动态势感知，因为机器只能根据预设的程序和算法来执行任务，它们无法主动感知和思考。在实际应用中，人类和机器的态势感知能力可以相互补充。人类可以通过观察和思考来感知周围环境的变化，从而发现问题和机会。而机器可以通过执行特定的任务来获取和处理大量数据,从而为人类提供更全面和准确的信息支持。人类和机器的态势感知能力也可以相互影响。人类的主观意识和自主性可能会导致对周围环境的误解和偏见,从而影响态势感知的准确性;而机器的程序和算法可能会受到数据和算法的限制,从而影响态势感知的全面性和准确性。

人类和机器的态势感知能力各有优劣,可以在实际应用中相互补充和影响。在未来的发展中,人类和机器的态势感知能力将不断发展和提高,从而更好地支持和促进人机环境系统智能的发展。

态、势、感、知之间如何拓扑配对

虽然态、势、感、知是四个不同的概念,但是它们可以通过不同的方式进行拓扑配对。

态与势:态通常指事物所处的状态或形态,而势则涉及事物所具有的力量、能量或潜力。在这种配对中,态可以看作势的表现形式或结果。势可以影响和改变事物的态,而态可能反映出事物所具备的势的特征。

势与感:势可以引起人们的感知和感觉,包括情绪、体验和感受等。势可以通过某种方式产生作用,引发人们的感知和感受。感受可以是对势的响应或反应,以及对环境中潜在势的察觉。

感与知:感是个人主观经验的一部分,涉及对外部刺激的感知和感受。而知则是对信息的处理、理解和认识。感和知紧密相连,感提供了原始的感觉和体验,而知通过对感的整合和解读,使人们得以理解和认识事物。

通过以上拓扑配对,可以看出态、势、感、知之间存在相互关联和影响。势可以影响态的变化,态可以产生感知和感受,感受通过知的加工和认知,使人们对事物有更深层次的理解和认识。它们之间的相互作用和配对是人们对世界的感知和理解的基础。

人机融合的态、势、感、知之间可以通过以下方式进行拓扑配对。

态与势：人机融合中的状态可以通过势的调控来实现。势是一种具有方向性和能量的力量，可以影响人机融合的状态变化。当人感知到某种信息时，机器可以通过调节相应的势来改变人的状态，例如通过提供更多的信息、指导、建议等。

态与感：人机融合中的状态可以通过感知来实现。人对环境的感知能力包括视觉、听觉、触觉、嗅觉、味觉等。机器可以通过感知人的状态变化来做出相应的反应，例如根据人的情绪变化来调整机器的表情、声音等。

势与知：机器可以通过知识的运用来调控势。知识是指机器所掌握的信息和技能，可以用于解决问题、做出决策等。机器可以根据自身的知识和目标来调控势，以达到预期的效果。例如，机器可以根据人的需求和情境来调整自身的行为，提供相应的帮助和支持。

感与知：人机融合中的感知和知识可以相互交流和融合。机器可以通过感知人的需求和反馈来获取更多的信息和知识，从而改善自身的表现和服务。同时，机器也可以通过提供知识和信息来丰富人的感知和体验，帮助人更好地理解和应对环境。

通过这样的拓扑配对，人机融合可以实现更加高效和智能的交互和合作，从而提升人的能力和体验。

在不同的维度中，态势感知可以具有不同的拓扑规律和特点，以下是一些常见的维度和相关规律。

时间维度：态势感知随时间的变化会呈现出趋势和周期性。趋势是指态势感知在长时间内的整体发展方向，如增长、下降或保持稳定。周期性是指态势感知在一定时间内重复出现的规律，例如日、周、月等周期。

空间维度：态势感知在不同的空间区域中可能存在差异。不同地点的态势感知可能受到地理环境、人口密度、经济发展等因素的影响，呈现出空间分布的特点。

多源数据维度：态势感知可以通过多个信息源的数据进行获取，例如传感器、摄像头、社交媒体等。不同的信息源可能提供不同类型的数据，对于不同类型的态势感知有不同的贡献和局限性。

多模态数据维度：态势感知可以通过多种感知方式获取，例如视觉、听觉、触觉等。不同的感知方式可以提供不同的信息，相互组合可以获得更全面和准确的态势感知。

时空关系维度：态势感知可以研究不同地点和时间之间的关系。通过分析不同地点之间的联系和时间上的先后顺序，可以揭示出态势感知的相互影响和演化规律。

这些不同维度中的规律和特点相互交织，共同构成了态势感知的全貌。了解和利用这些规律和特点，可以提高态势感知的准确性和实用性。

态、势、感、知的嵌套与级联

态、势、感、知四部分的嵌套与级联可以被看作一种综合、协同的感知模式，它们相互作用与支持，共同构成了全面的态势感知能力。

嵌套表示这四部分相互交织、紧密结合。人类的感知能力和机器的智能能力相互融合，共同参与态势感知的各个环节。人类通过感知自身周围的环境和情境，将观察到的信息传达给机器；而机器则通过分析这些信息、应用模型和算法，提供更全面、深入的认知。这种嵌套关系使得人机之间能够有效地协同工作，共同构建全面的态势感知。

级联表示这四部分之间形成了一种层次化的关系。人类和机器的感知能力在不同的层次上进行协同工作，相互补充、相互支持。例如，人类可以通过自身的感知和经验，提供初步的直觉判断，然后将感知结果传递给机器；机器则可以基于更高级的数据处理、模型分析等能力，提供更准确、全面的图像和预测。这种级联关系使得人类和机器可以在不同层次上互相借力，形成更强大的感知和分析能力。

这四个部分的嵌套与级联可以形成一个闭环的感知过程。人类的感官接收外界的信息，将其转化为对事物状态的感知；机器通过数据分析和智能算法对这些信息进行处理和分析，提供更全面、准确和深入的认知；同时，机器也会根据人类的需求和指令，将处理结果反馈给人类，供其做出决策和行动。

人机融合通过嵌套与级联态、势、感、知四部分，能够显著提升态势感知能力，进而实现更智能、高效的决策支持。这种综合感知模式在许多领域都具有重要的应用价值，如安全防护、灾害管理、智慧城市等。这种融合方式能够充分发挥人类感性认知、主观意识和情绪判断的优势，同时结合机器在数据处理、模式识别和智能算法方面的长处。通过人机协同合作，我们可以提高态势感知的全面性和准确性，为决策者提供更全面、准确的信息和建议。此外，人机融合的态势感知还能更好地处理复杂多变的环境和任务，帮助人类做出更明智、高效的决策。

态、势、感、知中的主观与客观

态、势、感、知可以被看作联系主观与客观的桥梁，因为它们涉及主体和客体之间的相互作用和关系。

态和势是客观存在的属性，但我们可以通过主观感知和认知来观察和解释它们。感和知则是主观感受和心理认知的结果，我们能够通过它们与客观世界建立联系。这些概念共同构成了主观与客观之间相互联系和影响的桥梁。

人类意识，这一深邃且复杂的心理现象，实质上是态、势、感、知等要素相互交织、相互作用的产物。意识状态并非一成不变，它随着我们的经验、情感、思维活动以及身体感觉的不断变化而流转。清醒时,我们感知世界,思维清晰;入睡后,意识潜入梦境,神秘而多彩;冥想中,我们又进入一种超脱世俗、内省自省的境界。每一种状态,都赋予意识不同的色彩与内涵。

人类意识的潜力无穷,它具备强大的适应性和响应能力。我们能够不断学习新知识、掌握新技能,使意识在不断的发展中逐渐演变和升华。感知,作为我们与外部世界沟通的桥梁,通过视觉、听觉、嗅觉、触觉和味觉等多元感觉通道,将外界的刺激转化为内心的体验。而知识由我们通过学习和经验累积而成,影响着我们的思考方式、记忆能力以及决策过程。

这些要素相互交织,共同构建了我们丰富多彩的意识世界。它们之间的复杂关系使得意识成为一个多层次、多维度的现象,每一次感觉、思考和情感的涌动,都是这些要素在意识中交织、碰撞的结果,为我们带来独特的体验和主观感受。

值得注意的是,意识中不仅存在着主观能动性,也蕴含着客观被动性。主观能动性让我们能够有意识地参与和体验自身的意识活动,选择关注的对象,进行深度思考,做出明智决策。而客观被动性则揭示了外部环境对我们意识的深刻影响,无论是外界的声音、视觉、气味等感官刺激,还是文化、社会背景、个人经历等深层次因素,都在无形中塑造着我们的意识。

然而,尽管我们对主观能动性和客观被动性有了一定认识,但意识的具体机制仍然是一个科学难题。如何深入理解它们之间的相互作用,以及它们在意识中的具体表现机制,仍需要科学家进一步的探索研究。

态、势、感、知之间的叠加和纠缠

态、势、感、知是描述物理和认知过程中不同方面的概念。它们之间的叠加和纠缠可以从不同的角度来看待。

叠加(superposition)：在量子力学中，态的叠加是指一个系统可以同时处于多个可能的状态之一，直到被观测或测量时才会坍缩到一个确定的状态。这种叠加是量子力学的基本原理之一。叠加使得量子系统具有了并行计算、量子比特等优势，也是实现量子计算和量子通信的基础。

叠加态(superposition state)：叠加态是描述量子系统可能状态的一种数学表示。根据量子力学的叠加原理，一个量子系统可以处于多个可能态的叠加。这意味着，当量子系统没有被测量时，它可以处于各种可能的状态之间，以一定的概率分布存在。一个经典示例是著名的双缝干涉实验，其中光子通过双缝时会出现干涉现象，表现出叠加态的性质。

叠加势(superposition potential)：叠加势是描述量子力学中粒子所处势能的一种情况。在某些量子力学问题中，势能可以由几个势能项的线性叠加构成。例如，在一个带有电场和磁场的区域中，粒子所受到的总势能可以由电场势能和磁场势能的叠加表示。叠加势在量子力学中具有重要的应用，例如在研究粒子在电磁场中的行为时经常会涉及叠加势。

叠加感觉(superposition of sensations)：叠加感觉是指当人类同时接收到多个感觉刺激时，这些感觉会相互叠加并产生新的感觉体验。例如，当听觉和视觉信号同时作用于人的感知系统时，这些感觉会相互叠加，产生更加复杂和综合的感觉体验。这种叠加感觉可以在跨感觉(多个感觉通道之间)或者在同一感觉通道内(比如视觉中的颜色混合)发生。

叠加知觉(superposition of perceptions)：叠加知觉是指当人类同时接收到多个感知或认知信息时，这些信息会相互叠加并影响我们对于整体的认知和理解。叠加知觉涉及对于不同输入信息的整合。例如，当我们分别感知到一个物体的颜色、形状和纹理等特征时,我们将这些信息整合起来,形成对该物体的综合知觉。

纠缠(entanglement):纠缠指的是两个或多个粒子之间存在相互依赖和相互关联的状态。当粒子处于纠缠态时,它们的状态无法独立地描述,对一个粒子的测量会瞬间影响其他纠缠粒子的状态。纠缠在量子通信和量子信息处理中起着重要作用。

纠缠态(entangled state):纠缠态是描述由多个粒子组成的量子系统的一种特殊状态。在纠缠态下,系统的整体性质不可分割地与其组成部分相关,无法通过单个粒子的状态来完全描述系统。换句话说,纠缠态中的粒子之间存在一种互相依赖和相互关联的特殊关系,即使它们之间的距离很远,对一个粒子的测量结果也会影响其他粒子的状态。

纠缠势(entanglement potential):纠缠势是描述量子力学中粒子之间相互作用的一种势能。在某些量子力学问题中,粒子之间的相互作用可以由纠缠势表示。这种相互作用可能导致粒子之间的纠缠态。纠缠势通常用于描述多粒子系统的相互作用,如原子中的电子-电子相互作用、核子之间的核力等。

纠缠感觉(entangled sensation):纠缠感觉指的是当我们同时接收到多个感觉刺激时,这些感觉之间产生相互影响和相互作用的现象。纠缠感觉可能发生在不同的感觉通道之间或者在同一感觉通道内。例如,当我们同时听到不同频率的声音和看到不同颜色的光线时,这些感觉可能会相互干扰和影响,导致我们感觉到复杂而综合的体验。在这种情况下,纠缠感觉涉及不同感觉通道之间的交互作用。

纠缠知觉(entangled perception):纠缠知觉指的是当我们同时接收到多个认知或者感知信息时,这些信息之间产生相互依赖和相互关联的现象。纠缠知觉涉及对不同输入信息的整合和综合认知的过程。例如,当我们观察一个物体时,我们可能同时感知到它的颜色、形状、纹理等特征,并将这些信息整合起来形成对该物体的综合知觉。在这种情况下,纠缠知觉涉及不同感知信息之间的交互作用。

综上所述,态、势、感、知之间的叠加和纠缠可以在物理和认知层面上发生。在量子力学中,态和势的叠加和纠缠是描述粒子的特殊状态和相互关联的重要现象。而在感觉和认知中,感和知的叠加和纠缠使我们能够获得丰富和一体化的感觉体验和认知能力。这些现象都展示了复杂系统中各个要素之间相互作用和关联的重要性。叠加态和叠加势在物理意义和应用方面存在一些区别,叠加态是描述量子系统可能状态的数学表示,而叠加势是描述粒子所处势能的一种情况。叠加态涉及量子叠加原理和量子测量等概念,而叠加势涉及势能的线性叠加问题。叠加感觉和叠加知觉都描述了在感觉和知觉过程中不同输入的叠加效应。叠加感觉更注重于不同感觉通道之间的信息叠加,而叠加知觉则更注重于对不同感知信息的整合和综合认知的过程。

若把物理中的态、势与心理中的感、知映射为人机环境系统中的态、势、感、知,或许就会有一些新的发现吧!

"态势感知"与"势态知感"过程的平衡

"态势感知"与"势态知感"是两个相联系却有所区别的概念。"态势感知"涉及个体或组织对当前环境与状况的感知、理解与分析,以及未来趋势的预测。这包括对外界的观察、信息搜集与处理,以及情况评估与判断。在军事、安全与应急管理等领域中,"态势感知"对正确决策与行动至关重要。而"势态知感"则是指个体或系统感知、理解并适应环境中潜在的机会与威胁,并据此调整与做出决策。"态势感知"强调对当前环境的感知和理解,而"势态知感"更侧重于对环境中的势态、动态和趋势的感知与掌握,是一种敏锐的感知与判断能力。后者能够帮助个体或组织在多变和不确定的环境中迅速做出恰当的决策和反应。

"态势感知"与"势态知感"过程的平衡是指在人机智能系统中个体或组织在面对变化的环境时,需要同时具备对当前环境的感知和对未来发展的预判能力,并进行平衡处理。这一平衡的重要性体现在以下几个方面。

灵活性与稳定性的平衡:"态势感知"是对当前环境的实时、准确的认知,而"势态知感"则是对未来动态的预判。在面对变化时,个体或组织需要灵活地调整策略和行动,同时又要保持稳定的目标和价值观。这种平衡能够使个体或组织在变化中保持稳定,又能及时适应环境,实现持续发展。

过去经验与新信息的平衡:"态势感知"可以通过对过去经验的总结和归纳来获取,而"势态知感"则需要对新的信息进行分析和预测。在处理信息时,个体或组织需要平衡过去经验的引导和新信息的引领,既要尊重经验,又要保持开放的态度,及时更新和调整认知。

短期利益与长期发展的平衡:"态势感知"往往关注当前的问题和利益,而"势态知感"则着眼于未来的发展和长远目标。在做决策时,个体或组织需要平衡短期利益和长期发展,既要解决眼前的问题,又要考虑未来的可持续发展。

所以,"态势感知"与"势态知感"这两个过程的平衡对于人机系统个体或组织在变化的环境中的适应和发展至关重要。通过平衡灵活性与稳定性、过去经验与新信息、短期利益与长期发展等因素,个体或组织能够更好地应对变化,实现自身的持续发展。

总体来说,机器擅长过程性的"态势感知",人类的优势在于方向性的"势态知感"。机器在处理大量数据和复杂运算方面具有优势,因此擅长通过分析和比对过程中的各种数据来感知和理解当前的情境。机器可以利用大数据分析和模式识别技术,快速准确地捕捉到变化和趋势,从而提供及时的决策和反馈。而人类在感知和理解方面,更擅长通过自身的经验、感知和直觉来判断和预测不同情境下的方向性发展趋势。人类能够将过去的经验、情感和价值观等因素与当前情境相结合，形成自己的决策依据，从而在复杂环境中做出适应性强、灵活多变的决策。因此，机器和人类在"态势感知"和"势态知感"方面各具优势。

人机融合智能是"态势感知"与"势态知感"的综合平衡。智能交通系统是人机融合智能的典型代表。在这一系统中，机器可以通过感知设备、传感器和摄像头等技术，实时获取路况、车辆位置和速度等大量数据。通过对这些数据进行分析和处理，机器可以准确地感知交通状况，包括道路拥堵、车辆行驶情况等。然而，在决策和规划方面，机器可能面临一些挑战。例如，在处理突发事件、紧急事故或复杂交通情况时，机器可能无法准确预测未来的交通趋势和选择最佳的交通路线。这就需要人类的"势态知感"来提供决策和规划的指导。通过人机融合，人类可以利用机器提供的大数据分析和实时感知信息，结合自身的经验和判断力，来做出更准确和灵活的决策。这类综合平衡可以提高交通系统的效率和安全性，同时也给人类提供更好的出行体验与便利性。

目前，机器在某些特定任务和领域已经展示出了一定的"势态知感"能力。有些机器人可以通过传感器（如陀螺仪、加速度计等）获取自身势态信息，并结合控制算法进行相应的控制和调整。虽然这种能力远远不及人类的"势态知感"，但它是机器逐步实现智能化的关键一步。

以智能无人车为例，在"态势感知"方面，它通过各种传感器（如摄像头、雷达、激光雷达等）来感知周围环境的态势，包括道路状况、交通情况、行人和障碍物等。它会实时分析这些信息，构建一个准确的环境模型，以便做出相应的决策和规划行驶路径。而在"势态知感"方面，智能无人车需要根据自身的势态（如速度、加速度、转向角等）来感知自身状态，通过与环境模型的比对和分析判断自己是否处于安全状态，并根据需要进行相应的调整和控制，以保证安全行驶。在智能无人车的运行过程中,需要综合考虑到"态势感知"和"势态知感"的平衡。如果只注重"态势感知",而忽视了自身的势态,可能会导致无人车无法及时响应环境变化,从而造成危险。而如果只注重"势态知感",而忽视了环境的态势信息,可能会导致无人车无法适应复杂的交通环境,从而无法做出正确的决策。

随着人工智能和机器学习等技术的发展,未来可能会出现更加复杂和强大的机器"势态知感"能力。但是,要实现类人的"势态知感"能力仍然面临许多困难和挑战,需要在算法、硬件和系统设计等多个方面进行深入研究和创新。

5. 小样本与大数据:分析数据的方法

大数据是指数据集合,其规模、速度或格式超出了传统数据库软件工具的捕获、管理和处理能力。大数据的特点可以通过三个主要维度来描述,通常被称为"3V"。

数量(volume):大数据涉及大量数据,这些数据可以是数TB(太字节)甚至PB(拍字节)级别的。数据量的增加使得存储、管理和分析这些数据成为挑战。

速度(velocity):大数据通常以极快的速度生成,需要实时或近实时处理。例如,社交媒体平台、金融市场交易系统、物联网设备等都会产生高速数据流。

多样性(variety):大数据包括各种结构化、半结构化和非结构化数据,如文本、图片、视频、社交媒体帖子等。这种多样性要求用新的技术和方法来处理和解析这些不同类型的数据。

除了这三个V,有时还会提到数据的真实性(veracity)和低价值密度(value),即数据的准确性和可用性,以及数据对决策和行动的实际影响。

大数据的出现是数字化时代的一个特征,随着互联网、移动设备、传感器和社交媒体的普及,数据的生成速度和规模急剧增加。大数据的分析和应用可以带来深刻的洞察和知识。在商业领域,企业可以利用大数据进行市场分析、客户关系管理和供应链优化;在医疗保健领域,大数据可以用于疾病诊断、治疗方案优化和医疗资源管理;在智慧城市建设中,大数据可以用于交通管理、能源优化和公共服务改进等。此外,大数据还在金融、教育、科研等多个领域发挥着重要作用。

大数据决策支持的优势体现在三个阶段:

(1) 事前预测:更全面的信息洞察和精准的预测分析

在决策活动开展前,大数据通过收集和分析跨渠道、多维度的数据,如客户行为、市场趋势等,为企业提供了全面的信息视图,帮助识别潜在的机会和威胁。通过建立预测模型,大数据能够预测未来趋势,使企业基于这些洞察制订策略,从而降低风险,并抓住市场机遇。

(2) 事中感知:更科学的决策依据和更高效的决策过程

在活动进行中,大数据能够实时模拟和监测活动进展,提供详细的数据支持,帮助企业制订和调整行动计划。基于实时数据的分析,决策者可以快速做出基于事实的决策,提高决策的效率和效果。

(3) 事后反馈:更灵活的决策调整

活动结束后,大数据的实时监测能力可以评估决策的效果,为企业提供反馈。这种反馈机制使得企业能够根据数据结果及时调整策略,确保决策的持续优化和适应性。

总的来说,大数据通过全面的信息洞察,汇集了多源、多维度的数据,有效避免了决策过程中的信息盲点,同时其精准的预测分析能力,借助复杂模型准确预见未来趋势,为决策提供了前瞻性支持。基于数据和事实的决策方法,大幅减少了主观偏见,提升了决策的客观性和准确性。此外,大数据的快速数据处理和可视化技术,使得决策过程更加迅速和便捷。而对企业来说,分析客户数据以提供个性化服务和产品,不仅增强了客户满意度和忠诚度,还赋予了企业灵活调整策略的能力,以实时数据监测和市场反馈来保持持续的竞争力。

但在一些场合下,大数据决策可能会不如小样本决策,原因主要有以下几点。

(1) 数据质量问题:大数据决策需要依赖大量的数据,但数据的质量可能存在问题,例如数据缺失、错误或不准确等。这可能导致大数据决策的结果受到影响,不如小样本决策准确。

(2) 数据偏倚问题:大数据决策往往基于海量数据,但这些数据可能存在偏倚,即某些数据类型或特征占据了主导地位,而其他数据被忽视。这可能导致大数据决策的结果不够全面和客观。

(3) 上下文理解问题:大数据决策主要依赖数据分析算法和模型,但这些算法和模型往往无法理解上下文和背景信息。而小样本决策通常由人类专家基于经验和直觉进行,能够更好地考虑不同的情境和环境因素。

(4) 数据隐私问题:大数据决策需要收集大量的个人和敏感数据,这可能引发数据隐私问题,导致用户对大数据决策的不信任和抵触。相比之下,小样本决策通常涉及较少的个人数据,更容易得到用户的信任和接受。

(5) 灵活性和快速性问题:大数据决策需要处理海量数据,因此可能需要更长的时间来进行分析和决策。而小样本决策由于数据规模较小,处理速度相对更快,能够更快地响应变化的需求。

因此,在实际应用中,需要根据具体情况综合考虑,选择适合的决策方法。

人类在成长的过程中,总是被各式各样的情境和问题所环绕,而能依赖的往往只有有限的数据。正是这些有限的小样本和小数据,帮助人类不断学习和积累经验,从而迅速适应新环境,做出精准的判断和决策,展现出卓越的智能。通过观察和分析这些小样本和小数据,人类能够敏锐地捕捉到其中的模式和规律,并将其灵活运用于相似情境中。这种能力让人类能够从微小的信息中提炼出普遍的真理和深刻的见解,并通过归纳与总结,提炼出更高层次的知识与智慧,以应对日益复杂多变的问题。

大数据与小样本,这两种研究方法在数据分析中各有千秋。大数据以其庞大的规模、复杂的结构和多样的类型,为我们揭示出数据背后深藏的模式、趋势与关联。而小样本则以其精细和深入的分析,助力于特定现象的探索和细致分析。

在人机融合的时代背景下,大数据与小样本的互补性愈发显现。通过人机融合,我们不仅能够更高效地处理和分析数据,更能结合个体的价值观念,实现事实与价值的和谐统一。这样,我们不仅能够从数据中获取客观的信息,更能根据个体的需求,提供个性化的服务,实现真正的智能决策。

三、人机融合智能的目标

从事实与价值、计算与算计、主观与客观、态势感知,以及小样本与大数据等多个维度审视,人工智能在追求更高层次的智能时遭遇了重重困境。而人机融合智能,作为一种融合了人类智慧与机器计算能力的创新模式,为突破这些难题提供了切实可行的路径。

(1)事实与价值

在事实与价值层面,人机融合智能结合了人类专家的知识、经验和直觉,以及机器的计算能力和数据分析能力。这种结合使得决策能够同时考虑事实和价值,确保决策更加全面和合理。人工智能在处理客观数据时展现出惊人的效率,它能在短时间内快速处理大量数据,并做出相应决策。但一旦涉及价值判断、伦理道德等主观领域,其局限性便显露无遗。价值体系往往根植于深厚的文化、历史和社会背景中,这些背景构成了人类价值观和道德观念的基础,而人工智能尚无法完全理解和模拟这些复杂的人类情感与观念,因此在处理涉及伦理道德的问题时,其决策可能会出现偏差。

人机融合智能与传统人工智能的区别在于它们在决策过程中如何整合人类智能和机器智能。首先是决策的层次不同。在传统的人工智能系统中,决策依赖于算法和数据,它们可以处理大量的事实数据,但通常缺乏对价值的理解。例如,一辆自动驾驶汽车正停在红灯前,此时后方传来急促的警报声,一辆救护车快速驶来。根据交通规则,自动驾驶汽车应在信号灯下停车等待,然而,救护车正在紧急运送病人,根据价值和道德判断,汽车有义务为救护车让行。在这个紧急情景中,自动驾驶系统面临着一个事实与价值之间的冲突:是遵守交通规则还是在紧急情况下让行救护车。人机融合智能系统可以结合人类的经验和道德判断,在紧急情况下做出符合人类道德和伦理标准的决策,既要确保行车安全,又要遵守交通法规,同时为救护车让行。

其次是价值的嵌入方式不同。在传统的人工智能系统中,价值通常是嵌入在算法中的,由开发者预先设定,但这些价值可能并不总是符合人类社会的伦理标准和价值观。相比之下,人机融合智能通过人类专家的参与,确保决策过程中考虑了更深层次的价值观和伦理原则。这种方法使得决策更加符合人类社会的道德和伦理标准。例如,在金融领域,人机融合智能系统可能会分析投资者的风险承受能力和投资目标,并结合人类专家的经验和判断,共同制订投资策略。这种方法确保了决策既基于数据分析,又考虑了投资者的价值观和伦理标准。

相较于单一的人工智能系统,人机融合智能系统更加贴近人类社会的实际需求。这种融合不仅提高了智能系统的决策能力,还使其在决策过程中体现出更为深刻的人文关怀——更好地理解人类的情感、价值观和道德观念,从而在处理复杂问题时做出更符合人类价值观的决策。

(2) 计算与算计

在计算与算计的维度上,人工智能虽然擅长处理大规模数据和执行复杂计算,但在面对需要策略规划和创造性思维的任务时,其表现往往不尽如人意。这是因为算计不仅需要对当前环境有深刻的理解,还需要对未来进行精准的预测,并能够灵活调整策略以应对不断变化的情况。这就要求人工智能系统具备高度的灵活性、适应性和创造性,而这些是目前大多数人工智能系统所不具备的。例如,在金融市场分析中，人工智能可以处理大量的市场数据，分析历史趋势，并预测未来的价格走势。然而，要制订成功的投资策略，还需要了解市场的深层次动态，包括政治、经济和社会因素，以及投资者的心理和行为。这些因素往往超出了传统人工智能系统的处理能力，因为它们需要对人类行为和情感有更深入的理解。

相比之下，人机融合智能通过结合人类的智慧和机器的计算能力，可以弥补这一不足。人类专家的直觉、经验和创造力可以为机器提供新的视角和解决方案，而机器的计算能力和数据分析能力则为人类专家提供支持和工具，帮助他们做出更明智的决策。我国古代的《孙子兵法》作为一本军事典籍，强调的是谋略和战略的"算计"思维，而不是具体的计算和数字。它以智慧、策略和计谋为核心，通过分析敌我双方的实力、地形和情报，提出了许多关于战争的原则和战略战术。《孙子兵法》注重的是如何运用智慧和谋算，以最小的代价获取最大的胜利。在《孙子兵法》中，算计（谋算）思维是指通过对敌方情报的收集、分析和研判，制订相应的战略计划，以及在实际战斗中的指挥和决策。它强调的是运用智慧和策略，通过战略部署和灵活应变，获取优势并赢得战争。相比之下，计算思维更加注重的是具体的数学计算和数据分析，强调的是运用逻辑和数学模型来解决问题。它更偏重定量分析和精确计算，在应对战争中的不确定性和复杂性方面可能不够灵活。

（3）主观与客观

主观与客观之间的界限在智能系统中同样难以逾越。人工智能在处理客观信息时表现出色，它可以快速识别图像中的物体、分析文本数据、处理声音信号等，但在理解和表达主观情感、意识等方面仍显稚嫩。这是因为主观情感和意识是复杂的心理现象，它们受到个体经验、情感状态、文化背景等多种因素的影响，这些因素很难被量化或转化为数据。

相比之下，人机融合智能通过引入人类的感知和认知能力，使智能系统更好地理解和适应主观世界，从而增强系统的交互性和人性化。例如，一个虚拟助手可以识别用户的情绪状态，并根据用户的情绪提供相应的建议和安慰。聊天机器人可以理解用户的情感需求，并与用户进行情感共鸣和交流。

人机融合智能还有助于解决人工智能在处理主观问题时可能出现的偏见问题。由于人工智能的学习数据往往来源于人类社会，其中可能包含各种偏见和歧视。通过人机融合，可以在人工智能的决策过程中引入人类的道德和价值观，从而减少偏见，使智能系统的决策更加公正、合理。在社交媒体内容审核领域，人工智能可以高效地审核社交媒体上的海量内容，识别和过滤掉违规和有害的内容。然而，人工智能可能无法完全理解人类语言的复杂性和隐含的意义，导致误判或漏判。通过人机融合智能，内容审核团队可以训练人工智能识别特定的语言模式和上下文，从而更好地理解讽刺和双关语。例如，他们可以教人工智能识别常见的讽刺表达方式，如"夸大其词"或"反语"，并将其与仇恨言论区分开来，还可以结合人类文化的特定表述，为人工智能提供语言的相关背景信息和特定文化中的含义。

（4）态势感知

在态势感知方面，人工智能和人机融合智能之间的差别主要体现在对复杂环境的适应性和理解深度上。

人工智能往往受限于其数据处理和分析的能力，难以全面、精准地把握环境、任务和目标的动态变化。这是因为态势感知不仅需要对当前的环境、任务和目标有清晰的认识，还需要对未来可能发生的变化进行预测和判断。除此之外，它依赖大量的数据来训练和优化模型，然而在实际应用中，数据往往是不完整、不精确或含有噪声的。人工智能在处理非结构化数据（如自然语言、图像和视频）时，也面临着挑战。

在人机融合智能中，人类能够通过直觉快速识别关键信息，理解环境中的微妙变化,并基于经验预测可能的发展趋势。这种能力使人类能够在复杂和不确定的环境中做出快速和准确的判断,实现对态势的深刻理解和精准判断,从而提升智能系统对环境变化的应对能力。

例如,在军事作战中,人工智能可以分析卫星图像、雷达数据和通信流量,以识别敌方活动。然而,它可能无法完全理解敌方的意图和可能的行动方案。通过人机融合智能,经验丰富的军事专家可以结合人工智能的分析结果,提供对敌方态势的深刻理解,并基于这些理解制定战略和战术决策。

在紧急救援行动中,人工智能可以分析实时数据,如地震监测数据和气象预报,以预测灾害的影响范围和潜在风险。然而,它可能无法完全理解当地的地形、建筑布局以及居民的需求和行为模式。通过人机融合智能,当地居民和救援专家可以结合人工智能的分析结果,提供对灾害态势的深刻理解,并基于这些理解制订救援计划和资源分配。

(5)小样本与大数据

在小样本与大数据的处理上,人工智能也面临着巨大的挑战。人工智能在处理大数据时具有显著的优势,能够高效地处理和分析大量的数据集。它可以识别数据中的模式和趋势,并基于这些发现做出决策。然而,当面对小样本数据时,人工智能可能难以进行有效的学习和推理,无法捕捉到数据的复杂性和多样性,导致模型欠拟合或性能不佳。

同样,在大数据环境下,人类如何高效地筛选和提炼有用信息也是一大难题。此外,由于数据质量、数据偏倚、上下文理解、数据隐私以及灵活性和快速性等问题,大数据决策可能会不如小样本决策。然而,人机融合智能可以通过结合人类的认知能力和机器的数据处理能力,实现对小样本数据关键信息的深度挖掘和对大数据的高效处理,从而克服这些挑战。

故而,人机融合智能的目标是通过结合人类的智慧和创造力,以及人工智能系统的计算能力和自动化技术,实现更高效、更深入的合作。

人机融合智能的精髓不仅在于技术层面的突破,更在于实现系统与人类之间的深层次交互。一方面,通过使用自然语言处理、机器学习和深度学习等前沿技术,人工智能系统已经能够更精准地理解人类的语言与行为,捕捉上下文信息,从而更准确地响应和配合人类的需求。然而,仅仅依靠这些技术还不足以实现真正的人机融合,另一个至关重要的方面在于系统与人类之间的双向交流和互动。

人工智能系统需要提供清晰、易懂的反馈,帮助人类理解其决策与行动的逻辑。同时,系统也需要能够倾听、理解并适应人类的反馈与指导,通过不断优化自身来提高准确性和效率。正是在这样的双向交流过程中,人机融合智能得以不断深化和发展。

更进一步地说,人机融合意识则是这种交互与协作关系的升华。它将人类的智能与机器的计算能力紧密结合,在人与计算机系统之间建立起一种密切、互补的关系,共同形成一个统一的意识和认知状态。这种融合不仅涵盖了人类与机器之间的合作,更包括机器对个体能力的增强与扩展,从而共同推动人机融合智能向更高层次发展。

我们可以通过与人类意识的比较,充分体会人机融合意识的优势。

人类的意识是自然生命的产物,伴随着我们的成长和发展;而人机融合意识是在人类与计算机系统交互的过程中产生的,它是通过技术手段实现的。人类的意识是内在的、主观的心理状态,是我们对自身和外界的感知、认知和体验的结果;而人机融合意识则是通过与计算机系统的交互来实现的,它涉及人类与外部技术系统的连接和互动。人类的意识是与我们的大脑活动相关联的,它具有复杂的情感、思维和意识流的特征;而人机融合意识可以通过与计算机系统的连接实现更强大的认知和计算能力,使人类能够扩展自己的能力和体验。人类的意识是自主的、独立存在的,不依赖于外部系统;而人机融合意识在很大程度上依赖于计算机系统的支持和交互。没有计算机系统的存在，人机融合意识就无法实现。

为了更具体地阐述人机融合意识，让我们来看一个医疗团队的例子。这个团队由经验丰富的医生和先进的AI医疗助手组成。医生负责诊断和制订治疗方案，而AI医疗助手则凭借强大的数据分析能力，为医生提供决策支持。在这个团队中，人机之间建立了紧密的合作关系，他们共同面对复杂的临床问题，力求为患者提供最佳的医疗服务。

当医生开始对患者进行诊断时，AI助手会收集和分析患者的医疗历史、实验室结果等数据，并提供相关的参考和建议。医生通过询问AI问题、请求更多的信息或解释，更全面地了解患者的情况，并做出更明智的决策。AI助手则根据医生的反馈提供进一步的指导和解释，同时从医生的经验中学习，改进自身算法和分析能力。

这种人机融合意识使得医疗团队的决策更加准确和高效。他们共同构建了一种意识形态，将彼此的优势相结合，以提供更好的医疗服务。

这种人机融合意识更是人机融合智能目标的重要体现——提升个体的能力的同时，推动整个社会的进步。通过人机融合智能，我们可以实现更高效的生产、更精准的医疗、更智能的交通，为人类社会的发展注入新的动力。

第三章

人机新境

一、人机协同与交互探索

1. 人人、机机与人机协同

人人协同是指人与人之间进行协同合作,通过交流、协商、分工等方式,共同完成任务或达成目标。这种协同方式强调人的主观能动性和创造力,需要团队成员之间的合作和配合。人人协同的优势在于可以利用多样化的思维和经验,可以充分发挥人的判断力、创造性和灵活性,同时也能够增进团队凝聚力和合作能力。

机机协同是指机器与机器之间进行协同合作,通过自动化、互联网和人工智能等技术手段,实现信息共享、任务分配、数据处理等功能。这种协同方式强调机器之间的智能化和自动化能力,通过互相协调和同步工作进程,达到更高的效率和精确性。机机协同的优势在于可以高速处理大量数据和执行重复性工作,减少人为干预和错误的可能性。

人机协同则是指人与机器之间进行协同合作,通过人的指导、监控和机器的执行,共同完成任务或达成目标。这种协同方式充分利用了机器的计算、存储、处理等能力,可以提高工作效率和准确性。人机协同的优势在于能充分发挥机器的计算和自动化能力,减轻人的工作负担,提高工作效率。

三种协同方式各有优势,在不同的情境下可以选择不同的协同方式。人人协同更适合强调创造力和团队合作的任务，机机协同更适合高效率和精确性的任务，而人机协同更适合兼顾事实和价值的任务。在现代社会中，随着人工智能技术的发展，机机协同的应用越来越广泛，特别是在大数据处理和自动化生产领域，但人人协同、人机协同仍然是不可替代的，特别是在需要人的主观判断和人类价值观参与的复杂交流任务中。

在信息受限的情况下，采用清晰、简洁的语言表达方式，再辅以一系列措施，包括提供详细的背景信息、主动的倾听和关注、明确的目标和期望、有效的引导和解释、多样化的交互方式，以及持续反馈和改进等，可以增进良好的人人、机机和人机协同过程，有助于减少信息偏差、增强信息理解和传递的效果，提高交互的效率和质量。

为保持有效的事前预报、事中干预和事后追溯，在人人、机机、人机协同过程中可以采取以下策略。

（1）事前预报：在交互开始之前，对交互的目标、步骤和可能的问题进行充分准备，了解对方的需求和背景信息，预测可能出现的困难或挑战，并做好相应的准备；在事前提供对方可能需要的相关信息，如流程说明、指导手册、教程视频等，可以帮助对方事先了解交互的流程和要点，提前做好准备。

（2）事中干预：在交互过程中，及时介入并给予适当的引导，如果发现对方遇到困难或不理解某个步骤，可以提供解释、示范或额外的支持，帮助对方顺利完成交互；根据对方的反馈和表现，评估交互过程的效果，并根据需要进行策略调整。这可能涉及修改交互方式、重新解释概念或调整交互步骤等，以确保交互的顺利进行。

（3）事后追溯：交互结束后，要进行总结和反思，评估交互的效果，回顾事前的预期和计划，并分析交互过程中出现的问题和改进的空间；将交互过程中的关键信息、反馈和改进意见进行记录和文档化，有助于未来的追溯和复盘,以及对交互过程的持续改进和优化。

通过事前预报、事中干预和事后追溯的有效组合,可以提高交互过程的流程性、准确性和可控性,从而确保交互的顺利进行,并及时发现和解决潜在问题,提高用户满意度和交互结果的质量。

此外,人人、机机、人机协同的时间、空间、方式也很重要。尤其是对于人机协同而言,良好合理的时间、空间和方式,可以大大提高工作效率和交互协同效果,从而实现更好的优势互补与匹配。

选择合适的时机是确保协同效果和用户体验的关键。精准把握时机,能够有效促进信息的高效流通、资源的优化利用、工作效率的提升,同时大幅改善用户体验并有效防控潜在风险。恰当的时机可以促进人机之间的有效信息交流,也有助于确保双方能够理解彼此的意图、需求和期望,从而更好地协同工作。在复杂的任务场景中,及时的人机协同可以避免不必要的等待和延迟,并确保任务得到及时处理和完成。尤其在问题解答场景中,机器迅速给出反馈并解决用户问题的能力至关重要,这种准确且及时的交流能极大提升用户的满意度和信任度。此外,在某些特定情况下,时机的选择直接关系到风险的防控。比如,在自动驾驶领域,人机协同需要精准把握时机,确保行车安全,有效避免潜在危险。

在设计和开发人机交互系统时,我们应充分认识到衔接嵌入的重要性,并努力优化其方式和位置,以提升用户体验和交互效能。通过寻找合适的合作场景,可以充分发挥人与机器的优势,提高工作效率和质量。在自动化程度较高的工作场景中,机器能够承担大量重复性、烦琐的任务,从而让人们将更多精力聚焦于更具创造性和战略性的工作上。例如,在生产线上,机器负责物料搬运、装配等繁重工作,而人负责监控生产过程,确保一切顺利进行。人机协同对于数据分析和决策也非常重要。机器可以通过高效的算法和模型对大量的数据进行快速分析,并生成相关的洞察和预测,而人类则能够基于自身的经验、专业知识和判断力对数据进行解读和决策。这种协同方式不仅提高了决策的准确性,还大幅提升了工作效率。

人机交互协同的方式对于良好的交互效果至关重要。通过合作与互补、信息共享、智能辅助和增强、自适应和个性化以及用户参与和控制等方式,我们能够打破人机之间的隔阂,实现更加顺畅的沟通与合作。在人机交互过程中,用户的主动参与和控制权是不可或缺的。用户应能够自主选择交互方式、调整交互参数,并随时掌握和控制机器的行为。同时,机器也应提供适当的指导和帮助,确保用户能够充分发挥主导作用。人类具有较强的判断力、创造力和情感认知能力,而机器则擅长处理大量的数据和执行重复的任务。通过合作与互补的方式,可以利用双方的特长,提高交互效率和结果的质量。此外,智能辅助和增强也是人机交互的重要方向。机器应为用户提供及时、准确的信息和建议,辅助用户进行决策和解决问题。同时,人机交互还应具备自适应和个性化的特点,根据用户的偏好和习惯调整交互方式,以适应不同场景和需求。这种个性化的交互方式将进一步提升用户的满意度和体验质量。

2. 人机协同如何把任务拆解成子任务

人机协同是一种将人类和机器智能结合起来,共同完成任务的方式。它可以将一个任务拆解成多个子任务,并由人类和机器智能共同完成这些子任务。拆解任务的过程通常包括以下步骤。

任务分析:首先需要对整个任务进行分析和理解,确定任务的目标和要求。

子任务划分:根据任务的目标和要求,将任务拆解成多个具体的子任务。这些子任务可以按照不同的标准进行划分,如任务的时序关系、任务的分工关系等。通常需要考虑任务的复杂性、可拆解性和可并行化程度,以便更好地分配给人类和机器智能。

人机分工:根据子任务的特性和要求,确定人类和机器智能分别承担哪些子任务。通常人类擅长处理复杂的、模糊的和创造性的任务,而机器智能则擅长处理重复的、冗长的和数值计算的任务。根据任务的性质,可以灵活地分配给人类和机器智能不同的子任务。

任务协同:在子任务的执行过程中,人类和机器智能需要进行有效的协同合作,包括信息共享、任务分配、结果汇总等方面的协作,以确保整个任务的顺利完成。

结果整合:在各个子任务完成后,需要将它们的结果进行整合,以得到最终的任务结果。这可能需要对结果进行分析、比对和合并,从而确保最终结果的准确性和完整性。

通过以上步骤,人机协同可以将一个任务拆解成多个子任务,并由人类和机器智能共同完成这些子任务,最终实现整个任务的完成。这种拆解和协同的方式可以提高任务的效率和质量,充分发挥人类和机器智能的优势,实现人机协同的最佳效果。在人机协同的任务拆解过程中,可以采取以下措施来防止错误的发生。

清晰明确的任务说明:确保任务的目标和要求被准确地传达给参与任务的人类和机器智能,这样可以避免理解偏差导致的错误。

合理分工的子任务划分:在拆解任务时,要根据人类和机器智能的能力和特长合理地分配子任务,避免将需要人类判断和创造力的部分交给机器智能,以及将重复性高、冗长的部分交给人类。确保每个子任务都能在合适的人机之间进行分配,减少错误的产生。

引入双重检查机制:对于一些关键性的子任务,可以设计双重检查的机制,即由人类和机器智能分别独立地进行检查和审查,从而增加错误发现和纠正的机会,提高任务的准确性。

实时通信和反馈：在子任务执行过程中，保持人类和机器智能之间的实时通信和反馈。及时交流任务执行的情况和进展，以便尽快发现和解决可能存在的错误或问题。

引入质量控制机制：在任务执行的过程中，可以引入质量控制的机制，对任务的结果进行抽样检查或随机抽查，以确保结果的准确性和质量。

通过以上措施，可以在人机协同的任务拆解过程中减少错误的发生，提高任务的准确性和质量。同时，还可以通过不断的优化和改进，进一步提高人机协同的效果和准确性。

机器（大模型）通常通过将任务分解为更小的子任务来处理。这些子任务可以按串行、并行或混合的方式进行处理。以下是常见的拆解任务方法。

输入预处理：大模型通常需要对输入数据进行预处理，例如文本的分词、图像的裁剪和缩放等。这些预处理步骤可以被视为一个子任务。

特征提取：大模型可能需要从原始数据中提取有用的特征，可以通过使用预训练的模型或自定义的特征提取器来完成。特征提取过程可以被看作另一个子任务。

子模型训练：大模型通常由多个子模型组成，每个子模型负责处理特定的任务。这些子模型可以是同质的（相同结构的多个模型）或异质的（不同结构的模型）。每个子模型可以在不同的硬件设备上进行训练，以提高训练速度和效率。

子模型融合：训练完成的子模型可以通过各种融合技术进行集成，例如投票、加权平均等。这个过程可以被视为另一个子任务。

输出后处理：大模型的最终输出通常需要进行一些后处理步骤，例如结果的解码、整合等。这些后处理步骤也可以被看作一个子任务。

这些子任务的具体拆解方式可以根据任务的特性、硬件设备的限制以及性能需求进行调整。大模型的拆解和调度策略往往是一个复杂的优化问题,需要考虑多个因素来平衡性能和资源的利用率。

在大模型拆解任务为子任务的过程中,可以采取以下策略来防止错误的发生。

数据校验与验证:在任务的拆解和传递过程中,对数据进行校验和验证,确保数据的完整性和一致性。例如,可以使用数据签名或哈希校验等方法,验证数据是否被篡改或错误传递。

异常处理机制:为每个子任务定义适当的异常处理机制,以处理可能出现的异常情况。例如,使用异常处理语句来捕获和处理子任务中可能发生的异常,避免错误地传递或终止整个任务的执行。

资源管理与分配:在拆解任务时,需要合理管理和分配计算资源、内存资源等。通过动态监控和管理资源的使用情况,可以及时调整资源分配,防止资源不足或浪费,避免因资源问题导致的错误。

集成与测试:在将子任务集成到大模型之前,进行充分的集成测试,验证每个子任务的正确性和相互之间的协作是否正常。这有助于发现和解决潜在的错误,确保整个模型的准确性和稳定性。

以上策略可以帮助防止机器(大模型)在拆解任务为子任务的过程中出现错误,确保整个任务的正确执行。然而,错误的防止是一个复杂的问题,需要综合考虑模型设计、数据处理、算法实现等多个方面的因素。

3. 人机中的非常名与非常道

传统逻辑主要关注两个物体之间的关系,如 A 与 B、B 与 C 之间的关系。对于三个或更多物体之间的复杂关系,传统逻辑可能无法直接处理。在传统逻辑中,通常通过将多个关系逐个考虑,间接分析多个物体之间的关系。

三个物体及以上的逻辑关系可能非常复杂,涉及很多不同的因素。

在具体分析时,可以根据问题的背景和需要选择适合的观点和工具,以便更好地理解和推理多个物体之间的关系。比如当存在多个物体时,可以将它们看作一个整体,其中包含多个部分,这种观点强调整体与部分之间的关系,以及部分之间的相互作用。通过分析整体与部分的关系,可以更好地理解和解释多个物体之间的逻辑关系。

若将三个物体及以上的逻辑关系看作一个关系网络,每个物体都是网络中的节点,而关系则是节点之间的连接。这种观点可以帮助我们直观地理解多个物体之间的复杂关系,并通过分析网络结构,发现其中的模式和规律。谓词逻辑是一种扩展了传统逻辑的形式,用于表达和分析多个物体之间的关系。它引入了更多的命题和量词,能够更直接地描述多个物体之间的关系。谓词逻辑可以用于描述三元关系、四元关系等。

所以,当涉及三个物体及以上的逻辑关系时,谓词逻辑可以提供一种更直接的方式来描述和分析。以下是一个使用谓词逻辑观点的例子。假设有三个物体(人)即 Alice、Bob 和 Charlie。我们可以通过谓词逻辑来描述他们之间的一些关系。

定义命题:我们可以定义一个命题 $P(x,y)$ 表示"人 x 喜欢人 y"的关系,其中 x 和 y 表示人的名称。通过这个命题,我们可以描述他们之间的喜好关系。

添加量词:我们可以使用存在量词和全称量词来描述所有人之间的关系。例如,$\forall x \forall y(P(x,y))$ 表示"对于任意的人 x 和 y,x 喜欢 y",即所有人都喜欢所有人。

引入新的命题:除了定义喜欢关系,我们还可以定义其他关系。例如,我们可以定义一个命题 $Q(x)$ 表示"人 x 是快乐的"。通过此命题,我们可以描述每个人是否快乐。

添加逻辑运算符:我们可以使用逻辑运算符来组合命题。例如,我们可以使用合取(∧)和存在量词来表示至少有两个人相互喜欢的情况：$\exists x \exists y(P(x,y) \land P(y,x))$表示"存在两个人x和y，他们互相喜欢"。

通过谓词逻辑，我们可以处理更复杂的关系和属性，以更精确地描述多个物体之间的逻辑关系。它提供了一种形式化的工具，可以用于推理、分析和探索不同情况下的逻辑关系。这只是一个简单的例子，实际生活中可能涉及更多的谓词和命题来描述不同的关系。

人机（环境）之间的问题常常涉及三个物体（这里把人简单看成物体）及以上的定义/概念（名）、规律/逻辑（道）关系。

在语言学中，常名通常指的是具体的、确定的、能够准确描述某个对象或事物的名称。例如，"橙子""桌子"等都可以被视为常名，它们代表了特定的概念和对象。而非常名则涉及更加模糊和抽象的概念，它可能是一个概念的集合，包含了多个不同但相关的特征或特性。这些特征或特性可能无法通过一个具体的常名来准确地描述。例如，"美食""自由"等都是非常名，它们代表了一系列相关的概念和价值观。定义簇或概念簇则是指一组具有相似特征或特性的概念的集合。这些概念可以相互关联，并且在某种程度上具有类似的定义或共享某些属性。非常名可能由多个定义簇或概念簇组成，以表达更加抽象和复杂的概念。然而，我们需要注意的是，非常名的含义和界定是相对主观的，不同的人可能对于某个非常名的定义和理解存在差异。因此，非常名往往具有一定的模糊性和多义性。

简而言之，非常名可以被理解为由定义簇或概念簇构成的抽象概念，它们无法通过一个具体的常名来准确描述，而是涉及更加模糊和抽象的概念集合。这种观点帮助我们理解语言和概念的复杂性，并且在语义理解和沟通中具有一定的启示作用。

常道代表了我们所熟知和目前能够理解的常规规律和逻辑。它们是描述和解释世界运作方式的一种框架，是人类对于事物关系和推理的基础认知。而非常道则涉及那些更为复杂、抽象或难以捉摸的规律和逻辑，它们可能是一组相关但不具有明确定义的模式、规则或关联。

这些规律和逻辑可能在特定领域或情境中存在，并且无法被一个简单的常规规律完全覆盖。规律簇或逻辑簇指的是由一组相似、相关或相互依赖的规律或逻辑所构成的集，这些规律或逻辑可能在某种程度上具有一致性，但也可能存在一些变化和差异。非常道可能由多个规律簇或逻辑簇组成，以描述更为复杂和多样的现象。此外，非常道的理解和界定也是相对主观的。不同的人可能对于某个非常道的定义和理解存在差异。所以，非常道也往往具有一定的模糊性和多样性。

总之，非常道可以被理解为由规律簇或逻辑簇构成的抽象概念，它们超越了我们所熟知和能够理解的常规规律和逻辑。这种观点帮助我们认识到现实世界中复杂现象的多样性和变化性，并且在认知和推理过程中具有一定的启示作用。

在开放环境中，机器需要应对各种未知的情况和复杂的变化。由于开放环境的不确定性和多样性，机器往往只能按照事先设定的规则和算法进行操作，即常名和常道。它们无法灵活适应新的挑战或处理未曾遇到过的情况。而在封闭环境中，机器所面对的情境相对固定和可预测。在这种情况下，机器可以根据已有的规则和数据进行学习和决策，也可能展现出一些超越常规的行为，即非常名与非常道，使得一些机器在特定领域展现出超过人类的能力。例如，在象棋、围棋、扑克等复杂游戏中，机器已经战胜了人类世界冠军。

我们可以认识到，机器和人类在认知和行为上存在差异，但并不意味着机器完全局限于常名和常道。机器可以通过学习和优化算法来模拟和实现一些人类认知和行为的特征。尽管目前的机器还无法完全具备人类的思考能力和情感体验，但随着技术的进步，我们不能排除未来机器可能实现更高级别的认知和行为。同时，我们应该注意到，封闭环境和开放环境之间并没有明确的分界线,很多现实世界的场景存在着灰色地带。实际上,开放环境中的机器也可以通过机器学习等技术逐渐适应和改进自身的表现,以更好地应对不确定性和多样性。因此,我们应该将机器的表现视为一种持续发展的过程。

在开放环境下,机器只有常名和常道的功能,人类才有非常名与非常道的能力。机器的思维和决策基于预设的规则和算法,相对固定和受限,无法适应和应对复杂多变的情境和问题。而人类则具有自由意志和创造力,可以超越规则和常规的限制,根据具体情况做出灵活的调整和判断,能够知几、趣时、变通。在科技发展和人工智能时代,我们要充分发挥人类的优势,充实自己的非常名与非常道,不断学习和提升自己的能力,以更好地适应和应对未来的挑战。

4. 人机交互的难点在于任务接管和经典逻辑的缺点

在人机交互的过程中,当人工智能系统逐渐变得越来越强大时,它有可能接管一些原本由人类执行的任务,随之带来自动化、智能化和自主性的增加。然而,任务接管也带来了一些挑战。首先,人们可能会担心失去对任务的控制权和主导权。他们可能对人工智能系统是否能够正确地理解和执行任务感到不安。此外,如果系统在执行任务时出现错误或失误,人们可能会质疑其可靠性和安全性。因此,在任务接管方面,人机交互需要平衡和解决以下几个关键问题。

(1)人工智能系统应该能够向用户解释其决策和行为的原因,使用户理解和信任系统的运作。通过以下方式,可以使用户更好地理解和信任系统的运作,增加用户对系统的满意度和参与感,进而提升系统的适应性和用户体验。

可视化解释:人工智能系统可以通过可视化方式将决策和推荐的

原因呈现给用户。例如，系统可以展示决策过程中所使用的特征、权重和算法，以及这些因素对最终结果的影响。这种可视化解释可以帮助用户理解系统是如何得出决策的。

文字解释：人工智能系统可以通过文字方式向用户解释其决策和行为的原因。例如，系统可以通过简明扼要的文字说明来告知用户为什么会推荐某个产品、给出某个建议等。这种文字解释可以帮助用户理解系统的逻辑和考虑因素。

反馈机制：人工智能系统可以建立反馈（尤其是价值性的反馈）机制，让用户提供对系统决策的评价和反馈。系统可以利用这些反馈来改进自身，并向用户解释为什么采纳或不采纳用户的反馈。这种反馈机制可以增加用户对系统决策的信任和理解。

可交互的解释：人工智能系统可以提供与用户互动的方式来解释其决策和行为原因。例如，系统可以通过问答的形式与用户进行对话，让用户提出关于决策的问题，系统则解答这些问题并解释其原因。这种可交互的解释方式可以更好地满足用户的个性化需求，帮助用户理解系统的工作原理。

（2）用户希望能够参与到任务执行的过程中，并保留对任务的控制权。人工智能系统可以通过以下方式来灵活地适应用户的需求和偏好，从而提供更加个性化和满意度高的服务。

个性化建模：人工智能系统可以通过对用户历史数据的分析和学习建立个性化的用户模型。通过对用户的浏览、搜索和购买行为等数据的分析，系统可以了解用户的偏好和需求，并根据这些信息进行个性化的推荐和定制服务。

实时学习和适应：人工智能系统可以通过实时学习和适应用户的反馈来改进自身的表现。例如，通过用户的评价和反馈，系统可以不断调整推荐的内容和推荐算法，以更好地满足用户的需求。

多模态交互:人工智能系统可以通过多种方式与用户进行交互,包括语音、图像、文字等多种形式,使系统更好地理解用户的需求和偏好,并提供更加个性化的服务。

解释决策:人工智能系统可以通过解释自己的决策过程和推荐依据,让用户更好地理解系统的工作原理,从而增强用户对系统的信任和满意度。系统可以通过可视化、图形化等方式向用户展示其决策和推荐的依据,让用户可以参与和控制系统的运行。

用户参与和评价:人工智能系统可以鼓励用户参与和提供反馈,以持续改进系统的性能和适应性。系统可以通过用户反馈、用户评价和用户偏好设置等方式来获取用户的需求和偏好信息,并将这些信息应用于系统的推荐和决策过程中。

(3)人工智能系统需要具备一定的安全性和容错性,以确保在执行任务时不会产生不可预测的后果。需要注意的是,具备安全性和容错性是一个持续的过程,需要综合考虑技术、设计和管理等多个方面。下面是一些常见的方法和策略。

数据清洗:确保输入数据的质量和准确性非常重要,不良或误导性的数据可能会导致系统做出错误的决策。因此,对数据进行清洗和预处理,去除错误或不可靠的数据,以确保系统在训练和推断过程中使用可靠的数据。

算法鲁棒性:开发算法时需要考虑各种不确定性和异常情况,以确保系统能够在各种复杂环境中正常工作。例如,通过使用异常检测和冗余检查来识别和纠正异常输入或输出。

安全性测试和评估:对人工智能系统进行全面的安全性测试和评估是至关重要的。常见的测试包括模糊测试、安全漏洞扫描和授权验证等,以确保系统对恶意攻击或不当使用有抵抗能力。

提供解释:为用户提供关于系统决策和行为的解释是确保系统安

全的重要手段。通过使系统的内部工作过程可解释和透明,用户可以更好地理解和监控系统的行为,从而及时发现和纠正潜在的问题。

风险管理和应急计划:建立风险管理和应急计划是确保系统安全的重要措施。这包括识别潜在的风险和威胁,制订相应的风险管理策略,并建立应急响应机制以应对系统故障或异常情况。

(4) 经典逻辑在人机交互中存在的一些缺点也使得任务接管困难。

灵活性有限:经典逻辑是一种形式化的、严格的逻辑系统。它需要精确的符号表示和推理规则,对语义和语用的灵活性有一定的限制。在人机交互中,用户的表达通常较为模糊,难以直接映射到经典逻辑系统中,这可能导致推理结果的误差或不准确性。

难以处理不确定情况:经典逻辑主要处理确定性信息,难以处理和表示不确定性或模糊性的情况。在人机交互中,用户的信息往往包含不完整、不准确或模糊的部分,例如,用户提供的问题可能含糊不清或存在歧义。经典逻辑难以处理这种不确定性,容易产生歧义或错误的推理结果。

复杂性较高:经典逻辑的推理过程通常需要进行复杂的符号计算和推理规则的应用,这可能导致在实时人机交互中的响应时间较长,影响用户体验。同时,经典逻辑的复杂性也增加了系统设计和开发的难度。

缺乏语境考虑:经典逻辑主要关注逻辑推理的形式规则,对于语境的考虑较少。然而,在人机交互中,用户的意图和需求通常与特定的语境相关,需要综合考虑语境信息才能进行准确的推理和响应。经典逻辑在这方面的表达能力有限。

一些经典逻辑在人机交互中的缺点可以通过以下例子进行说明。

指代问题:在人机交互中,用户可能使用代词、名词或专有名词来指代某个事物。然而,经典逻辑无法处理这种指代问题。例如,当用户询问"它是什么?"时,经典逻辑无法理解"它"指代的具体是哪个事物,从而无法正确地回答用户的问题。

上下文理解:在人机交互中,理解用户的问题和回复往往需要结合上下文信息。例如,当用户在对话中提到"这个"或"那个"时,经典逻辑无法准确判断指代的是哪个事物,因为它没有考虑到先前的对话历史或场景信息。

隐含信息处理:人机交互中的对话常常涉及隐含信息的表达和理解。经典逻辑主要关注显式的逻辑结构,难以处理隐含信息。例如,当用户说"我想找个餐厅吃晚饭"时,经典逻辑无法自动理解用户希望得到餐厅推荐的意图,因为这需要对用户的上下文和隐含意图进行推断。

模糊查询:在人机交互中,用户可能提出模糊的问题或含糊不清的需求。例如,当用户询问"附近有没有好吃的?"时,经典逻辑难以理解用户对"好吃的"所指的具体要求,因为它缺乏处理模糊性的能力。

实时应答:经典逻辑的推理过程通常较为复杂,涉及符号操作和推理规则的应用。这可能导致在实时人机交互中的响应时间较长,影响用户体验。对于需要即时回复的场景,经典逻辑的计算复杂性成了一个制约因素。

上述例子简要地说明了经典逻辑在人机交互中的一些缺点。尽管经典逻辑存在一些缺点,但它仍然是逻辑推理的基础,可以作为人机交互中的一种方法。同时,为了弥补这些缺点,可以借助其他的逻辑模型、概率模型或语义模型等进行补充,以更好地处理用户的语言表达和需求,同时还可以综合运用不同的方法和技术,以提高人机交互的效果和质量。解决任务接管的难题是人机交互领域的一个重要研究方向,任务接管指的是智能系统能够理解和预测用户意图,并主动参与到任务中,为用户提供帮助和支持,这需要通过设计和开发智能系统来实现更好的用户体验和人机合作。最后,人机之间多颗粒度、多尺度的交互调度需要综合考虑用户需求、系统能力和交互效果等因素,通过上下文感知、个性化设置、动态调整、渐进增强和沟通反馈等策略的综合运用,应该可以实现更灵活、高效和满足用户需求的交互体验。

5. 人机交互中的主动与被动

人机之间很难实现真正的互动主要有两方面原因,即主动性和被动性。

人类具有高度的主动性,可以主动思考、决策和行动。我们可以自由地选择目标、制订计划并采取适当的行动来实现这些目标。而机器则是被动执行我们编程好的指令,缺乏主动性和自主决策能力。尽管AI技术的发展已经使得机器在某些方面拥有了更多的主动性,但它们仍然无法像人类一样独立思考和做出复杂的决策。另外,人类和机器的交流方式存在差异。人类之间的交流是基于语言、非语言和情感等多个维度的复杂互动,而机器只能通过预先编写的算法和指令进行数据的处理和输出。虽然自然语言处理和生成技术的进步使得人机之间的交流更加自然和流畅,但机器仍然缺乏真正理解语言和情感的能力。

泛化和类比都是认知过程中的重要能力。泛化是指从已知的具体实例中抽象出一般性规律或概念,并将其应用到新的情境中。通过泛化,我们可以从有限的观察或经验中推断出更普遍的规律,就像一个孩子学会辨认几只狗后,他能够泛化出关于狗的概念,并将这个概念应用到之前没有见过的其他狗的情境中。类比则是指在不同领域或概念之间发现相似性和共性,并将这些类似之处应用于新的情境中,就如苹果公司的设计师可以通过将汽车行业的一些设计原理类比到手机的设计中,从而创造出更具创新性的产品。

虽然不能简单地将其完全对应，人类智能和机器智能在泛化、类比方面的表现仍可以用主动泛化、主动类比和被动泛化、被动类比来进行比喻。

人类智能有较强的主动泛化能力。人类可以通过主动学习、思考、实验和探索来积累新知识，并将这些知识与以往的经验相结合，从而适应和理解未知的情境和任务。人类能够主动地提出问题、寻求答案，并通过不断迭代和尝试改进自己的认知和技能。人类智能具备很高的灵活性和创造性，可以主动应对各种新的情况和挑战。相比之下，机器智能更多地依赖于被动泛化。机器学习和深度学习等技术使得机器能够从大量的训练数据中学习到一般化的规律，并将其应用于新样本的推理和预测。机器智能在训练过程中自动地从数据中抽象出模式，并使用这些模式来处理类似的任务。

人类智能是主动类比。在许多情况下，这是一种刻意的、有目的性的类比行为，即通过主动地寻找、建立和应用类比关系来解决问题或获得新的认识。主动类比需要主体的主动参与和思考，具有创造性和发现性的特点。相比之下，机器智能更类似于被动类比，即在无意识或非主观的情况下获得类比关系的认知过程。在被动类比中，机器在接受信息、观察现象或处理情境时，无意识地将其与已有存储的知识或经验进行对比和类比，从而得到新的认知或理解。被动类比是一种隐含的、自动的认知过程，不需要额外的意识或努力。机器智能通过预先编写的算法和模型运行来处理和分析数据，根据输入和指令进行执行，缺乏真正的主动性和自主决策能力。

在人机融合智能中，泛化和类比的应用方式有所不同，下面就是两种应用的具体例子。

泛化的应用：在自然语言处理领域，人机融合智能可以通过大规模语料库进行训练，从中学习到语法结构、词汇用法等一般性规律。然后可以将这些规律应用于新的文本处理任务中,例如实现句子的自动分析、语义理解等。通过泛化,机器可以从相对有限的数据中总结出普遍规律,并且在未见过的情境中进行应用。

类比的应用:在创造性设计领域,人机融合智能可以使用类比思维,从不同领域或概念中发现相似性并进行应用。例如,设计师可以利用机器提供的图像识别和处理能力,从大量的图像数据库中找到与当前设计问题类似的图案、形状或颜色的案例。然后通过类比这些案例,创造出新的设计方案,并与机器合作进行优化和评估。

综上所述,主动性和被动性是人机之间难以实现真正互动的主要原因。尽管机器学习和自然语言处理等技术使得机器在泛化、类比方面具备了更多的主动性和交流能力,但与人类相比仍存在明显差距。随着技术的不断发展,希望未来能够有更深入的研究和创新,进一步弥补人机之间的互动差距。

6. 不对称交互

不对称交互是指在交流或互动过程中,各方的权力、知识、地位、资源等存在明显的不平衡。其中一方拥有更多的权力、知识、地位和资源,而另一方则处于相对弱势的位置。不对称交互可能出现在各种社会关系中,例如上下级工作关系、师生关系、医患关系、客户服务关系等。在这些关系中,一方通常拥有更多的权力或专业知识,而另一方则需要依赖、听从或接受指导。不对称交互可能导致一方的意见、需求或权益被忽视或压制,从而加剧不平等和不公正。

人与人之间的不对称交互可以出现在各个方面,例如社会经济地位、性别、年龄、文化背景等。这种不对称交互可能导致强者主导弱者、权力集中、歧视和偏见等问题。在经济方面,富人和穷人之间存在着明显的不对称交互,富人拥有更多的资源和权力,可以在经济交易中占据主动地位,而穷人通常承受着更大的风险和不确定性。在性别方面,男性和女性之间也存在不对称交互。由于长期存在的性别偏见和社会角色刻板印象,女性往往处于较低地位,这导致了性别歧视、职业不平等和家庭暴力等问题。在年龄方面,年长者和年轻人之间也可能存在不对称交互,老年人在经验和权威方面往往占据优势地位,而年轻人可能面临着缺乏资源和机会的挑战。在文化背景方面,不同文化之间的交互也常常是不对称的,主导文化通常占据优势地位,决定着价值观、社会规范和权力分配。为了实现更公正和平等的人际交互,重要的是认识和理解不同群体之间的不对称性,倡导包容和尊重,努力消除歧视和偏见,为每个人提供平等的机会和权利。这需要个人和社会的努力,通过教育、法律和政策等方面的改革来促进公平。

例如,医生与病人之间的不对称性源于医生具有医学专业知识和经验,而病人通常缺乏相关知识和经验。在医患交流中,医生通常是主导者,他们提供诊断、治疗建议和指导。而病人通常是被动接受者,需要理解和遵守医生的建议。此外,医生在交流中使用专业术语,病人可能难以理解,这就会导致信息传递不畅。医生的时间通常比较有限,而病人可能有很多问题和疑虑,无法得到充分解答。故而,医生应该努力与病人建立平等的关系,倾听病人的意见和需求,尊重病人的知情同意权和自主决策权。医生应该采用简单明了的语言解释病情和治疗方案,确保病人能够理解,积极参与决策,还应该给予病人足够的关注,以缓解他们的担忧。此外,医生还可以使用一些有效的沟通技巧,如倾听、澄清等,以确保医患之间的交流更加有效。同时,医生和医疗机构也应该重视医患交流的培训和教育,为医生提供更好的交流技能和方法,以提升交流质量并促进医患关系的良好发展。

人机之间的不对称交互指的是人与机器之间交互的方式和能力存

在明显的差异。传统上,人与机器之间的交互通常是通过人类使用复杂的界面和指令来实现的。这种交互方式是不对称的,因为机器的理解和反应能力远远低于人类。具体来说,人机之间不对称交互存在以下几个方面的差异。

(1)自然语言理解和生成能力:人类能够通过自然语言进行复杂的交流和表达,能够理解含糊的语言表达和上下文信息。而机器的自然语言理解和生成能力远远不如人类,往往需要规范化和明确的语言指令进行交互。

(2)情感和情绪的理解:人类在交互过程中能够感知和表达情感和情绪,而机器对于情感和情绪的理解和表达十分有限。这导致机器在处理复杂的人机交互和情境判断时存在困难。

(3)直觉和经验:人类在处理问题和做出决策时往往能够运用直觉和基于过去经验的判断,而机器则需要依赖预设的规则和算法进行计算和推理。这种差异使得机器在一些复杂的任务中不如人类。

(4)学习和适应能力:人类具有强大的学习和适应能力,能够从不断的交互和经验中改进和提高自己的能力。而机器的学习和适应能力需要通过大量的数据和训练才能实现,并且通常需要人类的干预。

解决人机之间的不对称交互是人工智能和人机交互领域的研究重点之一。通过改进机器的自然语言理解、情感识别、学习能力和适应能力,以及设计更加人性化和直观的交互界面,可以实现更加平衡和自然的人机交互过程。

7. 浅析未来人机交互的结构与功能

未来的人机交互应将重心置于人类与机器之间的结构变通、能力与功能协同上。通过将人类的认知优势(创意思维、情感理解和复杂问题的抽象性推理)与机器的计算效能(大规模数据处理、高速和准确)相结合,可以实现更加智能高效的决策和创新。这是一个不断进化、不断创造、充满不确定性的状态。随着技术不断进步和应用场景的变化,新一代人机交互需要灵活适应不确定性和复杂性,人类和机器都需要不断动态地学习和调整自身的功能分配能力和策略结构,以应对新的挑战和需求。

在人机交互中,交互的结构确实对于人机功能的分配起着决定性作用,具体包括信息流向、控制权分配和决策过程等方面。这些结构决定了人与机器之间的角色和责任分配,以及彼此之间的互动方式。

(1)信息流向:交互结构决定了信息从人到机器或从机器到人的流向方式。例如,在一个问答系统中,人类提供问题,机器提供答案;而在一个智能助手中,人类提供指令,机器执行任务并提供结果。信息流向的不同决定了人和机器在交互过程中的角色和功能分配。

(2)控制权分配:交互结构决定了谁拥有对于交互过程的控制权。例如,在语音助手中,由人类发出语音指令,然后机器执行相应的操作。控制权的分配可以影响到人机之间的权力关系和决策过程。

(3)决策过程:交互结构决定了在决策过程中的人机角色和功能的分配。例如,在自动驾驶汽车中,机器负责感知和控制,而人类负责监督并做出必要的决策。决策过程的结构可以决定人和机器在决策中所扮演的角色和权责分配。

新型的交互结构对于人机功能的分配非常重要。它决定了人和机器在交互过程中的角色、责任和权力,以及彼此之间的互动方式。在设计和实现新一代人机交互系统时,需要合理考虑交互结构,以实现有效、高效和安全的人机共生。

在结构影响功能的同时,人机功能与能力的分配也可以改善人机交互的结构,从而提升人机交互的效果和用户体验。通过合理分配人机功能与能力,可以实现以下几个方面的改善。

(1)专长发挥:人类和机器在各自领域都有独特的优势和专长。通过将人机的功能分配给最擅长的一方,可以提高任务执行的效率和准确性。例如,在自动驾驶汽车中,机器负责精密的感知和控制,而人类则负责复杂的决策和应对突发情况。这种专长的发挥可以提高整个系统的性能。

(2)用户体验提升:通过合理的人机功能能力分配,可以优化用户体验。根据用户的需求和偏好,将机器的功能设计为辅助和支持用户的工具,提供个性化的服务和帮助。这样可以增强用户对人机交互系统的满意度和信任感。

(3)人性化设计:通过合理分配人机功能能力,可以使人机交互更贴近人类的认知和行为方式,使得人机交互更加自然和易用。例如,在语音助手中,通过语音识别和自然语言处理技术,用户可以直接使用自然语言与智能助手进行交流,而不需要学习复杂的命令和操作方式。

人机功能的分配能力对于改善人机交互的结构具有重要的作用。通过合理的分配,可以充分发挥人和机器的优势,实现协同合作,提升用户体验,以及实现更加智能和人性化的交互方式。同时,通过考虑人机各自的态、势、感、知的结构关系,可以更好地确定人机之间的角色、责任和功能能力划分,以实现高效、协同和优化的人机交互体验。

(1)态:人机系统的各个组成部分都有不同的状态,即它们的当前情况或条件。这些状态可以是设备的开关状态、软件的运行状态、用户的身份等。在人机交互中,人机系统的状态可以决定哪些任务需要人类参与,哪些任务可以由机器来完成。例如,在一些需要判断和决策的事实上,人类可能更具有主导权,而在进行大规模数据处理和计算时,机器往往更高效。

(2)势:人和机器在能力、技能和知识方面存在差异。人类具有灵活的思维、判断力和创造力,而机器则擅长计算、处理大数据和执行精确操作,并在较短时间内生成结果。根据不同的势能分布,可以将任务分配给更适合承担该任务的一方。人和机器在能力和技能方面的差异也会影响事实与价值的分配,人类具有情感、道德判断和伦理准则等能力,能够参与到对事实和价值进行综合考虑的决策中。

(3) 感:感知是人类和机器获取外界信息的过程。人类通过感官获取信息,如视觉、听觉和触觉等;机器则通过传感器和输入设备来获取信息。人机的感知能力差异会影响对于特定事实和价值的认知和理解,可根据具体情况来决定信息是由机器还是人类来获取。

(4) 知:知识是人和机器所掌握的智能内容。人类可以通过学习和经验积累获得知识,机器则可以通过训练和数据驱动的方式获取知识。根据人机之间的知识差异,可以将涉及专业知识或复杂计算的任务分配给机器,而将需要人类的经验和判断力的任务留给人类。人类和机器所掌握的知识范围和深度也会影响事实与价值的分配,人类通过学习、教育和经验积累获得丰富的知识,能够在决策中综合考虑更多因素。

进一步看,人类和机器之间不同颗粒度的事实性态、势、感、知和价值性态、势、感、知之间常常存在交叉和纠缠的情况。通过合理的设计和协作,可以实现更有效、准确和符合需求的人机交互体验。在具体情境下,事实的颗粒度可以包括从细节到整体的不同层次,而价值的颗粒度可以涵盖从个体到群体的不同层次。在这种情况下,人机之间的交互往往会涉及多种因素的综合考量和权衡。例如,在决策过程中,人类可能会同时考虑到具体的事实和更宏观的价值观,权衡利益和风险,采用不同的思考方式和决策依据。一般而言,机器则可能通过分析大量的数据和算法模型来提供决策支持,但在涉及价值判断和伦理准则的时候可能相对有限,这种叠加和纠缠的情况要求人机之间的交互具备足够的灵活性和适应性。人机系统需要在各自的领域发挥特长,并实现有效的协作与整合。同时,透明度和可解释性也非常重要,以便人类能够理解和评估机器的推荐或决策,并在必要时加以调整。

在未来人机交互中,我们也可以尝试使用概率分布来表示机器事实性和人类价值性。机器事实性分布 M 可以用来表示机器对于某个事件或情况的判断和预测的概率分布,而人类价值性分布 H 则表示人类对于同样的事件或情况的价值判断的概率分布。通过对交叉熵的优化,可以使机器在人机交互中更好地理解并满足人类的价值判断和需求。

举一个简单的例子来说明这个概念。假设有一个智能客服机器人,当用户提问时,机器人需要根据自身的知识库和算法来给出答案。这时,机器事实性分布 M 可以表示机器对于每个可能的答案的概率分布,而人类价值性分布 H 可以表示人类对于这些答案的好坏或准确性的评估概率分布。

例如,当用户提问"明天的天气如何?"时,智能客服机器人会在内部根据各种数据源和算法预测明天的天气情况,并给出相应的回答。机器事实性分布 M 表示了机器认为每种天气情况发生的概率,例如 $[0.6, 0.2, 0.1, 0.1]$,其中第一个元素表示机器认为明天是晴天的概率,第二个元素表示机器认为是阴天的概率,以此类推。而人类价值性分布 H 则表示了人类对于这些天气情况的评估概率,例如 $[0.8, 0.1, 0.05, 0.05]$,其中第一个元素表示人类认为晴天的好处较多的概率,第二个元素表示人类认为阴天的好处较多的概率。通过比较机器事实性分布 M 和人类价值性分布 H 之间的交叉熵,可以评估机器对于人类价值判断的准确性和偏差。如果两个分布相似,交叉熵较小,说明机器的回答符合人类的期望;如果两个分布差异较大,交叉熵较大,说明机器的回答与人类的期望存在一定的偏差。

二、人机环境系统

1. 人机环境系统对信息论、控制论、系统论的拓展与整合

寻找将科学、人文和艺术统一起来的理论是一个复杂而广阔的领域，目前还没有一个完全统一的理论可以涵盖所有方面。人机环境系统智能领域中的一些方法和观点或许可以为我们的探索之路提供指引。目前，来自不同研究方向的学者正积极投身于这一领域的探索与实践中。基于这样的研究背景和需求，我们针对传统信息论、控制论、系统论的不足，尝试提出新的信息论、控制论、系统论理念，以期寻求科学、人文、艺术统一理论的新路径，具体如下。

（1）传统的信息论只反映了信息的数量多少，而没有反映出信息的质量好坏。传统的信息论，如香农的信息熵理论，主要关注信息的量化和传输效率，强调信息的消除和噪声的影响。它并未直接考虑信息的内容、意义或价值。然而，信息的质量好坏实际上是一个更加主观和复杂的概念，涉及人类认知、语义理解和主体的价值判断。信息的质量往往与其对接收者的价值、目标和需求有关，也可以受到许多其他因素的影响，如准确性、可靠性、平衡性、相关度等。因此，单纯从信息论的角度来评价信息的质量是相对有限的。为了更全面地评估信息的质量，可以结合其他学科和方法，如语言学、认知科学、社会学、伦理学等。

这些学科可以提供关于信息含义、沟通效果、文化背景和伦理价值等方面的洞察力。通过综合考虑信息的数量和质量，我们可以更好地理解和评估不同类型的信息，并做出更明智的决策和判断。需要指出的是，信息的质量评价可以因人而异，不同的人可能对同一份信息有不同的观点和判断。因此，在进行信息传播和交流时，我们应当尊重多样性，主动寻求多方观点，并提倡开放的、包容的对话，以建立更健康、丰富和积极的信息生态环境。

（2）传统的控制论只反映了客观事实性的反馈，而没有反映出主观价值性的反馈。传统的控制论主要关注系统的稳定性和目标的实现，依赖对系统状态的测量和对误差的补偿。它通常利用客观的指标和度量来评估系统的运行状况，而忽视了人类主观的价值观和意义。但是，在实际应用中，许多控制问题涉及人的主体性和主观价值。例如，在社会科学、管理学和心理学等领域，控制决策往往需要考虑人们的态度、情感、动机和价值观等因素。这些主观价值性的反馈可以影响一个系统的目标设定、行动选择和结果评估。因此，为了更全面地处理控制问题，需要在传统的控制论基础上加入主观价值性的反馈。这可能包括人的主观评价、意见调查、满意度调查等手段，以更好地反映不同人群的期望、喜好和道德标准，更有效地设计和实施控制策略。然而，需要注意的是，主观价值性的反馈可能存在多样性和主观性，不同个体可能对同一问题有不同的主观视角和评价标准。因此，在控制过程中，我们应当尊重多样性，平衡不同利益方的需求，并通过合理的沟通和参与机制，实现共识和共同价值的建立。

（3）传统的系统论只用数学公式反映了系统的变化情况，而没有反映出有人参与系统的感性与理性混合变化情况。传统的系统论主要着眼于对系统内部和外部的数量关系进行建模和分析，使用数学工具来描述和预测系统的行为。这种方法强调了系统的物理性质、结构和规律,并通常忽略了人类参与系统过程中的主观感受、情感和决策等因素。然而,在现实生活中,系统往往是由人类参与、影响和驱动的。人们的情感、态度、认知和行为都对系统的运行产生影响。为了更好地理解和解释复杂的系统现象,需要在传统的系统论基础上引入人类的主观感知和理性思考。这包括在系统建模过程中考虑人类的行为模式、决策机制和信息加工方式,以及对人的态度、信念和动机进行分析和建模。将感性和理性两个方面结合起来,可以更准确地描述系统变化过程中人与系统相互作用的情况。此外,还需要了解和关注人类行为背后的动机、价值观和意义等因素,这有助于揭示人的主观参与是如何影响系统的演变和结果的。需要注意的是,人的感性和理性是复杂的、多样的,并且可能存在主观性和不确定性。对于系统建模人员来说,重要的是尊重个体差异,平衡不同利益方的需求,并通过有效的沟通和协商机制来达成共识和合作。这有助于构建一个更加包容、公正和可持续的人机环境系统体系。

通过将人机环境系统视为一个整体,我们可以更好地理解和处理复杂性问题。这种综合性的观点考虑了人类的主观因素、决策过程和感知能力,使得系统分析和设计更加贴近实际情境,并能够更好地满足人们的需求和期望。通过将这三个理论进行拓展和整合,我们可以更好地理解和处理人机环境系统中的复杂性问题。例如,在设计智能交互系统时,我们可以借鉴系统论的思想来分析用户需求和系统功能之间的关系,运用控制论的方法设计反馈和调节机制,利用信息论的原理进行数据传输和处理。概而言之,在人机环境系统中,系统论提供了对整个系统的整体性思考和分析方法,帮助我们理解系统的结构、功能和相互关系;控制论则关注系统的稳定性和动态演化,提供了控制和优化系统行为的方法;而信息论则强调了信息的传递、编码和解码过程,对于系统中的数据处理和通信起到重要的作用。

在人机环境系统对系统论、控制论和信息论进行拓展整合的过程中,可以采取以下方法。

(1)整体性设计:将人、机器和环境作为一个整体考虑,并结合新系统论的思想进行分析。通过研究系统的结构、功能和相互关系,从整体的角度理解和设计人机环境系统。

(2)交互性建模:将人类行为和认知过程纳入系统模型中,以新控制论为基础,研究人、机器与环境之间的交互作用,探索人类决策、反馈和调节对系统行为的影响,以及如何优化和改进这种交互。

(3)信息处理与传输:利用新信息论的原理,研究人机系统中的数据、信息、知识、经验处理和通信机制,包括事实性信息和价值性信息的编码、传输、解码等过程,以提高系统的效率和可靠性。

(4)多学科融合:整合认知科学、计算机科学、人类行为学、工程学等多个学科的知识和方法,形成跨学科的研究团队,推动人机环境系统的综合性研究。

(5)实验研究与模型推导:结合实验研究和模型推导的方法,验证和完善人机环境系统的拓展和整合理论。通过实际案例和仿真实验,验证理论模型的有效性,并从实践中不断优化和改进。

系统论、控制论和信息论是三个重要的跨学科领域,它们在解决复杂系统和信息处理方面发挥了关键作用。然而,每个理论都有其特定的前提假设和基本原理,也存在一定局限性,拓展和整合这三个理论有助于更好地理解和应对现实世界中的复杂问题。同时,通过将它们进行整合,我们可以探索新的视角和方法来处理和解决复杂系统和信息处理领域的挑战。然而,需要注意的是,用人机环境系统拓展和整合这三个理论是一项具有挑战性的研究课题,因为其中每个理论本身就非常复杂,涉及广泛的领域和概念。要进行有效的拓展和整合,需要深入研究这些理论,并找到它们之间的联系和共性。这需要跨学科的知识和创新思维,严谨的研究方法和推理能力,以及持续的研究和实践探索。以上提到的方法仅为一些基本方向,具体的研究方法和技术手段还需根据具体问题和应用场景进行灵活选择和创新。

2. 基于人机环系统的自主系统分级

未来社会是人机环境系统融合的社会。它不仅仅是智能化社会,更是智慧化社会,不但要打破形式化的数学计算,还要打破传统思维的逻辑算计,是一种结合人、机、环境各方优势互补的新型计算-算计智能系统。

为了实现这一目标,自主系统的合理分级规划显得尤为重要,它将为人机环境系统的整体效能带来极大提升。自主系统的分级规划,其核心目的在于从设计的维度出发,引入问责、控制和监督的概念,并阐述这些概念的区别和联系。自主系统从层次上可分为技术层、控制层和治理层。技术层作为基石,承担智能化创新的重任;控制层为人机中间层,实施管理调控;治理层则站在更高的战略视角,对系统进行宏观指导。其关系如下图所示。

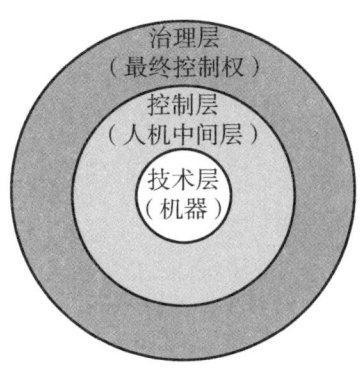

自主系统分级示意图

自主系统的部署控制不仅涉及物理层级,还包括时间轴,可分为以下三个阶段。

(1) 事前控制或主动控制。这是一种在任务执行前的初步控制机制,它超越了自主系统的权限边界,以确保任务的顺利完成。

(2) 正在进行或同时控制。这是一种非正式的直接控制,它仅设定目标,而不具体规定系统为达成目标所必须采取的特定行动步骤。

(3) 事后控制或问责制。这种控制方式是将决策权下放给系统,从而放弃了对系统的直接控制。这个过程涉及提供数据、进行讨论和评估,以确定系统在多大程度上实现了预定的任务,并在事后根据系统的自主判断采取相应的行动。

在部署自主系统之前,需完成以下步骤。

(1) 在技术层,技术人员需要设定输入参数,例如预先设定的标准。

(2) 实施基于技术层的事前控制措施,如制定相关规则。

(3) 在治理层,于事前监督机制的框架内完成对任务进行授权等工作。

部署自主系统期间,操作如下。

(1) 在技术层,自主系统将进行反馈回路,类似大多数工业控制系统(如自动添煤锅炉系统),采取行动以最小化结果和目标之间的差异。

(2) 在中间层,持续控制的机制意味着目标在部署前由人类设定,但机器的具体行动方案不由人类详细规定。全自动系统缺乏持续控制机制来指导自主系统实现目标的具体行动。

(3) 在治理层,建立全局监控面板,以监测自主系统的行动机制。

部署自主系统之后,执行以下流程。

(1) 在技术层,机器部署的输出旨在实现特定目标,其效果将通过损害评估来衡量。

（2）在中间层，验证并设有事后控制机制来分析机器部署，即行动后的报告过程。

（3）在治理层，进行事后审查，以在任务后评审过程中评估任务执行情况，并考虑运行规则及机器部署的规模。

3. 人机环境系统智能中的数与非数

有人认为，人工智能最大的不足是常常把非数当成了数去处理，这意味着人工智能（AI）在某些情况下缺乏人类智慧和判断力。诚然，AI在图像识别、语音识别、自然语言处理和复杂数据分析等领域展现卓越的能力，但它仍然无法像人类一样触及情感等深层次问题的理解。

此外，AI可能会出现偏见或歧视问题。这一缺陷源自算法设计的内在局限和数据质量的不完善，构成了AI发展中一个棘手的非技术性挑战。尽管科学家和工程师致力于通过改进算法和提高数据质量来尝试提高AI的准确性和可靠性，但很多人对此类解决方案仍持保留看法，认为这属于"扬汤止沸"，而非釜底抽薪。于是就有人进一步地质疑道："就算所有的文字都可以用数字表示，所有的文学都可以用数学表征吗？"的确，理论上，不少的文字和某些文学都可以用数字和数学表征。然而，在实际操作中，它们可能会在某些情况下丢失一些重要的信息。因此，在处理文字和文学时，我们往往需要结合其他方法和技术来获得更全面和准确的理解。例如，我们可以用数字0—9和26个英文字母来表征，用数学模型来分析。然而，这种表征方法可能会丢失文学作品的一些独特特征和艺术价值。一首诗歌的魅力可能不仅仅在于它的语言结构，还在于它的韵律、诗歌形式以及可以触及人类灵魂的情感力量。

现在看来，将单词token化（将文本分割成一些有意义的、可处理的单元，以便进行进一步的分析和处理）是自然语言处理中常用的方法，它的目的是将连续的自然语言文本转化为离散的模型输入。这种方法在很多任务中都已经取得了很好的效果，例如语言模型、机器翻译、文本分类等。然而，将单词token化也存在一些现有技术（包括GPT）很难解决的问题，例如再大的模型也很难学习到有意义的输入（这源于token化方法通常会将单词映射到离散的向量空间，从而丢失了部分连续的自然语言信息），进而导致模型无法理解某些上下文或语义关系，从而影响其表现（为了解决这些问题，研究人员提出了许多改进的方法，例如Word2Vec、GloVe等。这些方法试图通过保留更多的语义信息来提高token化方法的效果）。毕竟，将单词token化是一种有效的自然语言处理方法，而不是一种有效的真实生活语言处理方法。研究人员可以不断改进这些方法，也可以提高大模型的表现和应用效果，但要把自然语言与生活语言进行对齐、把人工智能与人类智能进行近似，难度还是不得而知的。

在许多场景下，在没有自由的情况下绝对地对齐人机环境系统智能的方方面面是不现实的。对齐和自由是正交的，也是矛盾的。在人机融合智能体的构建过程中，对齐是确保智能体按照预期目标行动的关键。然而，对齐可能会限制智能体的自由，因为在对齐的过程中，我们通常会设定一系列规则和约束来确保智能体遵循预定的目标。此外，由于人机融合智能体可能具有超越人类的智慧和能力，这使得对齐的过程变得更加复杂。

如果对齐方法过于严格，可能会限制智能体的创造力和灵活性，使其无法适应复杂的现实环境。因此，在人机融合智能体的构建过程中，我们需要在对齐和自由之间找到一个平衡点。这需要我们制定合理的规则和约束，确保人机融合智能体在一定程度上遵循我们的期望，同时保留一定的自由度，以便智能体可以根据实际情况进行自主决策和适应。

机器的可解释性是解决对齐和自由之间平衡的关键一环。机器学习和人工智能算法在决策和行为方面的可解释性在人机环境系统智能领域变得越来越重要,因为许多算法和模型变得越来越复杂。如果机器的学习过程和决策过程缺乏可解释性,我们将无法理解机器的行为,也无法预测其可能的后果。这可能会导致机器在某些情况下失控,产生危险的结果。因此,机器的可解释性应该被视为人机环境系统智能战略的一部分。为了提高机器的可解释性,研究人员已经提出了许多方法,例如局部解释性方法(例如 LIME)、基于模型的解释方法(例如 SHAP)等。这些方法试图通过揭示模型的决策过程和关注特征来提高模型的可解释性。但这些方法还远远没有解决这个问题,仍需要我们投入更多的研究和努力,以确保机器学习和人工智能算法的透明度和可解释性,确保机器在各种应用场景环境中不会失控,并提高人类对机器行为的理解和信任。

人机环境系统交互设计中,事实性(数)设计原则是指在设计过程中,根据事实的需求和原则,制定出的一些指导性的规则。选择合适的事实设计原则和路径,可以更好地实现事实的推理和转化,以提高设计质量和用户满意度。然而,在人机环境系统智能中,更多的是需要明确合适的价值(非数)设计原则和路径,以便更好地实现价值(非数)与事实(数)混合的推理和转化。具体实现两者的结合需要在设计过程中首先明确价值需求和事实原则,包括事实与价值的类型、度量标准、可交换性等(这些信息可以通过市场调研、用户反馈、行业标准等方式获取)。其次,根据相应的需求和原则,分析可用的事实/价值设计原则,包括等价交换原则、商品价值量原则、竞争优势原则、真实性原则、可靠性原则、及时性原则、可追溯性原则等,并视具体情况选择合适的原则。再次,根据选择的事实/价值设计原则,制订具体的设计方案,包括设计的目标、采用的技术和方法、预期的结果和评估方法等,对设计方案进行详细的分析和论证,确保可行性和合理性。接着,根据制订的具体事实/价值设计方案,进行具体的设计实施,且根据实际情况进行调整和改进,确保设计方案的顺利实施。最后,在设计完成后,需要对设计结果进行评估,包括对设计方案的执行情况、事实/价值的实现情况、用户的反馈等进行分析和评估,对事实/价值设计原则和方案进行优化和改进。

4. 人机环境系统智能中的漂移

谷歌于2023年7月披露量子计算机出现了新突破:经典超算需47年的任务可在几秒内完成。这在力学计算、天气预报、复杂系统的辅助决策等方面具有重要意义。但是,这也可能带来一些负面影响,比如容易造成过多依赖机器的计算而忽视人类的"算计"能力,从而导致人们创造力、想象力的退化。更快速的计算过程在方向把握不好的前提下也极易造成"差之毫厘,谬以千里"的态势。所以,人们需要未雨绸缪、防患于未然,积极选择好的一面,提前预防消极的一面,进而使得人机环境系统有机协调起来,取长补短、相得益彰。

变化的人可以产生变化的机器,变化的机器也可以产生变化的人,从中我们不难看出人类和技术之间相互作用的复杂性。从历史的角度来看,人类在不断地创新和发展,而技术也在不断地进步和演变。人类通过创造新的技术来改善生活、提高生产力和解决问题,而技术的进步也为人类带来了更多的机会和挑战。在现代社会中,人类和技术之间的相互作用变得越来越密切。人类不仅是技术的使用者,也是技术的创造者和塑造者。同时,技术也在影响着人类的生活和行为方式。这种相互作用的复杂性,需要我们在运用技术的同时,不断思考技术对人类的影响,以实现人类和技术的和谐共处。

自身/环境的噪声与相关演化竞争很容易破坏人机协同的长程相关性,这使得单纯依赖机器计算能力成为一个巨大的挑战。最近有研究使用各种漂移基准测试,观察相边界,或许可以定义机器计算复杂性与人类认知合作的有效程度。人机之间的各种漂移造成了协同的对不齐、对不准现象,使得单纯依靠各种数学公式的智能计算很难达到随机应变的目的。这些漂移包括:

(1) 事实漂移,指实际事实或真相的变化。当关于某个事件或领域的事实信息发生变化时,可以说发生了事实漂移。这可能是新的证据、新的观点或新的解释导致的。

(2) 价值漂移,指个体或群体的价值观发生变化。价值漂移可以发生在个人层面或社会层面,指的是对道德、伦理、文化或社会规范的看法和价值观发生改变。

(3) 因果漂移,指因果关系发生变化的情况。当原本存在的因果关系发生变化,导致一个事件或行为的结果发生变化,可以说发生了因果漂移。这可能是由于外部干扰、系统改变或其他因素而引起的。

(4) 认知漂移,指人类或智能系统的认知过程发生变化的现象,也是人机环境系统中诸多漂移的核心与关键。它涉及个体对信息的感知、理解、记忆、推理和决策等认知能力的漂移或变化,主要由以下部分组成:①感知漂移——当环境、任务或情境发生变化时,个体的感知可能会发生漂移,导致对于信息的解释和理解发生变化;②知觉漂移——当个体获取新的信息或经验时,他们对于某个概念或事物的理解可能会发生漂移,即与先前的认知有所不同;③记忆漂移——当个体的记忆受到时间、情绪、干扰或其他因素的影响时,他们对于过去事件或知识的回忆和理解可能会发生漂移;④推理漂移——当个体接触到新的信息或遇到新的问题时,他们对于问题的推理过程和策略可能会发生漂移,导致推出的结论或决策发生变化;⑤态势漂移——当数据的特征或关系发生变化时,训练模型可能会变得不再适用,因为它们是根据先前的数据分布或任务特征进行训练的,数据概念发生了变化。总之,认知漂移可以由多种因素引起,包括新的学习经验、社交影响、情绪状态、认知负荷、认知偏见等,它可能对个体的决策和行为产生影响。认知漂移的研究有助于我们更好地理解个体和群体智能系统在不同环境和条件下认知过程的变化和适应能力。

5. 基于人机环境系统集成的新一代态势感知系统思考

人、机、环境系统集成的新一代态势感知是指通过整合人、机器和环境各个要素的信息和能力,全面了解和把握当前的情况和状态,以便做出更有效的决策和行动。

在这个集成系统中,人是指参与者和决策者,拥有认知、感知和决策能力。机器是指各种传感器、设备和人工智能系统,能够获取和处理大量的数据和信息。环境是指周围的物理环境、社会环境和情境背景等。

态势感知的目标是通过整合人、机、环境各个要素的信息,获取全面、准确的情况和状态,从而进行快速准确的决策和行动。这需要对各个要素进行感知、观测、采集和分析,然后将得到的信息进行整合和综合,形成对整个系统当前状态的清晰认识。

通过人、机、环境系统集成的态势感知,可以实现以下目标。

(1) 提高决策效率和准确性:通过整合各种信息和能力,使决策者能够更全面、准确地了解当前情况,从而做出更加理性、明智的决策。

(2) 加强系统的响应能力:通过实时的数据和信息交流,将决策与行动紧密衔接,使系统能够快速有效地响应变化和应对挑战。

(3) 提升系统的智能性和自适应性:通过整合人工智能、机器学习等技术,使系统能够自动学习、自我优化,适应不同环境和任务需求。

(4)改善用户体验和满意度:通过了解用户的需求和情境,进行个性化的服务和支持,提供更好的使用体验和用户满意度。

概而言之,人、机、环境系统集成的态势感知是一种综合性的信息整合和决策支持机制,它能够提高决策效率、增强系统的响应能力、提升系统的智能性和自适应性,进而改善用户体验和满意度。其中,最为关键的是实现事实与价值的有机融合。

融合了事实与价值的态势感知可以将客观事实与主观感受相结合,避免过分强调客观性而忽视人类的主观感受,也避免过分强调主观性而忽视客观事实,从而实现平衡的态势感知,进而可以帮助我们理解和判断事物的本质和发展趋势,从而更好地应对各种复杂的情况和挑战。

新一代的态势感知系统将包括多态、多势、多感、多知的优化与平衡,具体如下。

(1)多态:新一代的态势感知系统将不再局限于单一的形式或模式,而是能够适应不同的态势形态。这意味着它能够处理多样化的信息来源和多种不同的情境,从而更全面地把握态势的发展和变化。

(2)多势:态势感知系统应该具备多势能的能力,即能够感知多个主体、多种角度和多个层次的态势要素。这样可以从多个角度获取信息,全面了解各个主体的态势,有助于更好地把握整体态势和变化趋势。

(3)多感:新一代的态势感知系统应该融合多种感知技术,包括传感器技术、人工智能技术等,以获取更全面和准确的信息。这样可以从多个感知通道获取数据,提高信息收集的效率和准确性。

(4)多知:态势感知系统应该具备多种知识和信息的整合能力,能够综合不同的数据和知识源,进行多源信息的融合和分析。这样可以形成更全面、准确的态势判断,为决策提供更有力的支持。通过优化算法、技术手段等,平衡不同要素之间的关系,最大程度地发挥其优势和价值。

新一代态势感知系统也包含新的信息论、新的控制论、新的系统论和新的协同论。

(1)新的信息论指在新一代态势感知中,信息数量与质量的获取、处理和传递的理论与方法得到了更新和完善。随着技术的发展,包括传感器技术、数据融合技术、人类感知等,新一代的态势感知能够获取更多、更准确、更有价值的信息,并能够更有效地进行传递和推理。

(2)新的控制论是研究控制人机环境系统事实与价值行为、性能的理论框架。新一代的态势感知借用了新控制论的理论和方法,使得系统能够更加智能、自适应地对外部环境的变化进行响应和控制。

(3)新的系统论是研究人机环境复杂系统的整体性质和性能的方法和理论体系。新一代的态势感知将新系统论的概念和方法应用到感知系统的设计和优化中,使得系统能够更加稳定、可靠地工作。

(4)新的协同论是研究多个(三体及以上)智能体之间如何合作和协调关系的理论框架。新一代的态势感知需要多个感知系统之间的协同工作,通过共享信息和分工合作,实现更高效、更智能的态势感知。

这些理论和方法的应用使得态势感知系统更加智能、适应性更强、稳定性更高,并能够更高效地利用各种信息资源进行协同合作。

第四章

智技探微

一、人工智能背后的技术

1. 破晓之眼：计算机视觉

什么是计算机视觉？

计算机视觉（Computer Vision，CV）是一种使用计算机系统和算法来模拟人类视觉系统的技术。该技术专注于对数字图像或视频进行深入的分析与解读，从而赋予计算机"看懂"并理解视觉输入的能力。计算机视觉结合了图像处理、模式识别、机器学习和人工智能等领域的技术，广泛应用于各个领域，包括过程控制系统（工业过程、自动驾驶汽车）、视频监控系统、信息组织系统（用于索引图像数据库）、物体或环境建模系统（医学图像分析、地形建模）、交互系统（人机交互系统的输入设备）等。

计算机视觉识别技术应用流程的第一步是获取图像，这通常依赖各种光敏摄像机、遥感设备、雷达、超声波接收器等图像传感器。这些传感器捕捉到的原始图像数据是后续处理的基础。紧接着是对获取的图像进行预处理：通过平滑去噪技术滤除传感器引入的设备噪声；调整图像的尺度空间，使图像结构适用于后续的局部应用需求；二次取样确保图像坐标的准确性；增强对比度提高图像中相关信息的可检测性。

预处理完成后，我们从图像中提取各种复杂度的特征，包括边缘、角点、纹理等。这些特征代表了图像中不同区域的显著属性,为后续的模式识别或分类提供了关键信息。在图像处理过程中,有时我们需要对图像进行分割。分割的目的是提取出图像中有价值的部分,例如含有特定目标的部分,以便进行更精细的分析和处理。最后,根据具体的任务需求,我们进行高级处理。

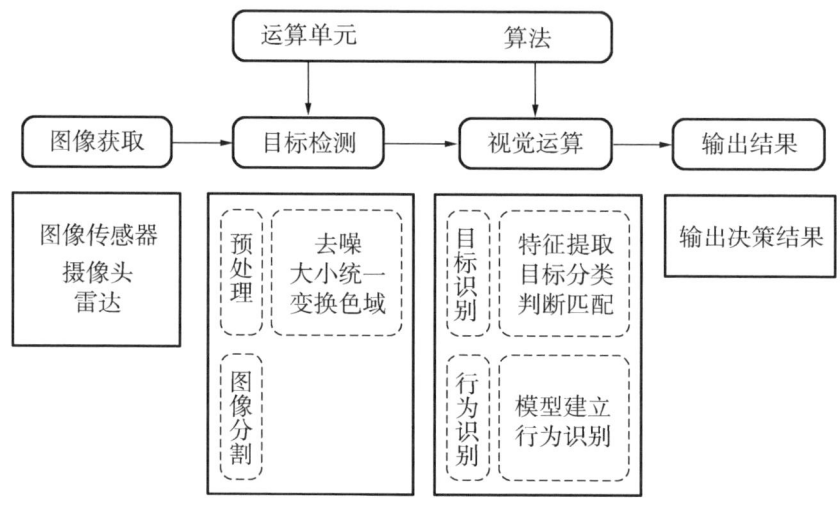

计算机视觉识别技术应用流程图

计算机视觉任务

(1) 图像分类(image classification):识别图像中的对象或场景,并将其分类为预定义的类别。这是一种常见的计算机视觉任务,例如识别数字、动物、植物等。选择一种分类器或分类模型,用于将提取的纹理特征与图像类别进行映射。常见的分类器包括支持向量机(SVM)、K近邻算法、决策树等。

(2) 目标检测(object detection):在图像中定位并识别多个对象,通常通过边界框(bounding box)来标记对象的位置。目标检测可以识别图像中的多个物体,并标注它们的位置和类别。目标检测通常应用于智能安防、自动驾驶、无人机等领域,能够对目标进行追踪、识别和分析,有助于提高智能决策和系统自主性。以下为常见的目标检测模型。

RCNN 系列(Region-based Convolutional Neural Networks):包括 R-CNN、Fast R-CNN、Faster R-CNN 和 Mask R-CNN 等。这些模型首先提取候选区域,然后对每个候选区域进行分类和边界框回归,其中 Mask R-CNN 还能生成对象的精确掩码。

YOLO 系列(You Only Look Once):包括 YOLOv1、YOLOv2、YOLOv3 和 YOLOv4 等。YOLO 模型将目标检测任务视为回归问题,通过单个神经网络直接预测图像中所有边界框的类别和位置。

SSD(Single Shot MultiBox Detector):一种单阶段目标检测模型,通过多尺度特征图上的预定义锚框来检测目标,并使用卷积层对这些锚框进行分类和位置回归。

EfficientDet:一种高效的目标检测模型,通过改进网络结构和训练策略,同时提高检测性能和计算效率。

RetinaNet:一种基于特征金字塔网络(Feature Pyramid Network,FPN)的单阶段目标检测模型,通过设计新颖的损失函数解决正负样本不均衡的问题。

(3) 语义分割(semantic segmentation):对图像中的每个像素进行分类,将图像划分为不同的语义区域,每个区域代表一个类别。与目标检测不同,语义分割可以提供更精细的图像分割结果。例如,当一幅图包括人、马和汽车,语义分割后每个像素点会被分类到这三个类别中,所有车都会被标记在"汽车"类别。

(4) 实例分割(instance segmentation):与语义分割类似,但不仅要对图像进行像素级别的分类,还要将同一类别的不同实例区分开来。实例分割可以识别图像中的多个同类物体,并为每个物体分配唯一的标识。仍以包含人、马和汽车的图为例,实例分割后,图像中的每个像素点不仅会被分类到这三个类别中的一个,每一类别的不同实例也会

(a) 原图　　　　　(b) 语义分割　　　　(c) 实例分割

语义分割、实例分割示意图,来源:The PASCAL Visual Object Classes Challenge 2007(VOC2007)Development Kit(ox.ac.uk)

被分开。实例分割会标记出三辆车,并为它们分配不同的标签或颜色(注意图中深浅不同)。

(5) 物体跟踪(object tracking):跟踪视频序列中的目标,并在连续帧之间确定目标的位置和运动。物体跟踪可以用于监视视频中的移动物体,并对其进行跟踪和分析。

(6) 姿态估计(pose estimation):通过对图像或视频中的人体、物体或动物的姿势进行分析和推断,以确定其位置、方向和动作。姿态估计

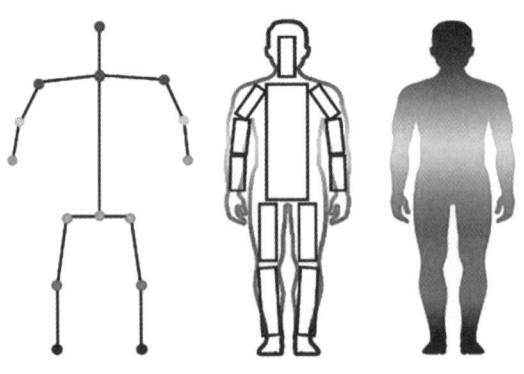

(a) 运动点模型　　(b) 平面模型　　(c) 立体模型

姿态估计示意图,来源:Pose Estimation(ucladeepvision.github.io)

在许多应用领域中都具有重要的作用,包括人体动作捕捉、运动分析、手势识别、人机交互等。

(7)图像生成(image generation):使用AI技术生成新的图像,可以是逼真的图像、风格化的图像或艺术创作等。图像生成为图像合成、增强、修复等任务提供了强大的工具和方法。常见的图像生成技术包括以下几种。

生成对抗网络(GANs):一种深度学习模型,由生成器和判别器组成。生成器试图生成逼真的图像,而判别器则试图区分生成的图像和真实图像。通过对抗训练,生成器可以学习生成逼真的图像。GANs已经在图像合成、图像修复、图像超分辨率等任务中取得了显著的成果。

自动编码器(Autoencoders):一种无监督学习模型,通过学习输入数据的压缩表示来重构输入数据。变分自动编码器(VAEs)是一种常见的自动编码器变体,它不仅可以生成逼真的图像,还可以学习数据的潜在空间表示,使得在潜在空间中进行插值、编辑等操作成为可能。

条件生成模型:一种根据条件信息生成图像的模型,常见的条件包括类别标签、文本描述等。条件生成模型可以根据给定的条件生成符合条件的图像,例如生成特定类别的图像或根据文本描述生成图像。

Transformer模型:一种基于注意力机制的模型,最初用于自然语言处理领域,但也被成功应用于图像生成任务。可以对图像的不同区域进行关注,从而生成具有更好局部一致性的图像。

此外,随着大规模预训练模型如GPT系列模型、BERT、T5等的流行,图像生成技术也得到了进一步提升。这些预训练模型通过对大量无监督文本数据和有监督图像数据进行学习,可以获得更强大的图像生成和理解能力,从而在生成更加逼真、具有创新性的图像内容方面表现出色。

计算机视觉的应用

在自动驾驶领域,计算机视觉是一项关键技术,它通过分析来自车辆周围环境的图像和视频数据,为自动驾驶系统提供必要的感知和决策支持基础。

(1)目标检测和识别:计算机视觉可以识别并定位道路上的车辆、行人、自行车等各种交通参与者,帮助自动驾驶系统及时感知周围环境中的各种障碍物和行人,从而做出相应的驾驶决策。

(2)车道线检测和跟踪:计算机视觉技术可以检测和跟踪道路上的车道线,包括实线、虚线、转弯箭头等标识,帮助自动驾驶系统实现车道保持和车道变换功能。

(3)交通信号识别:通过分析交通信号灯的图像,计算机视觉可以识别交通信号灯的状态,包括红灯、绿灯和黄灯,帮助自动驾驶系统做出相应的停车、加速或减速决策。

在医疗领域,计算机视觉广泛应用于医学图像(如X射线、CT扫描、磁共振成像等)的自动识别和分类。

(1)医学影像识别:通过训练深度学习模型,可以实现对不同解剖结构和病变的自动定位和识别,例如识别器官(如心脏、肺部、肝脏等)、血管、骨骼等。

(2)病灶检测和分割:计算机视觉技术可以帮助医生在医学影像中准确地检测和分割病灶,如肿瘤、结节、斑块等。通过分析影像数据的特征和纹理,可以实现对病灶的自动定位、标记和量化,从而帮助医生进行诊断和治疗规划。

2. 音波之舞:语音工程

什么是语音工程?

语音工程是研究和应用语音信号处理技术的领域，包括对语音信号的分析、合成、识别、理解和增强等。

语音信号分析是指对语音信号的频域和时域进行分析，以及对语音信号中的声音特征、语调、语速等进行分析。

语音合成是指根据文本或其他形式的输入生成语音信号的过程。语音工程通过合成算法和模型来实现自然、流畅的语音合成，用于语音助手、语音导航、广播等应用场景。

语音识别是让机器通过识别和理解过程把语音信号转变为相应的文本或命令的技术，用于语音助手、语音搜索、语音命令等应用。语音识别技术主要包括特征提取技术、模式匹配准则及模型训练技术三个方面。

语音增强是指对语音信号进行降噪、去混响、提升清晰度等处理，以改善语音质量和可听性。语音工程通过信号处理技术和机器学习算法，实现对语音信号的实时增强，用于电话通信、会议系统、语音识别等应用。

语音情感识别是指识别和分析语音信号中所表达的情感状态，如高兴、悲伤、愤怒等。语音工程通过模式识别和情感分析技术，实现对语音信号中情感信息的提取和分析，用于情感智能识别、心理健康监测等领域。

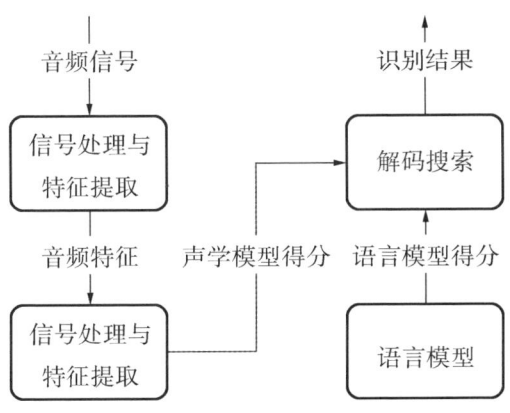

语音识别一般流程图

语音识别算法

基于动态时间规整（Dynamic Time Warping，以下简称DTW）是通过动态规划的方式，将两个时间序列之间的对应关系进行动态调整，以最小化它们之间的总距离，从而实现对不同速度或长度的时间序列进行有效的比较和匹配的一种算法。在处理时间序列时，通常会遇到一些复杂情况，比如需要比较长度不相等的两段时间序列的相似性，或者两个时间序列存在时间轴上的位移，但实际上它们在内容上是一致的。在语音识别领域，这可能是因为不同人的语速不同，或者同一个单词内的不同音素发音速度的差异。由于无法处理时间序列长度不同或存在时间轴位移的情况，传统的欧几里得距离等度量方法难以有效应对这些情况。DTW算法通过延伸和缩短两个时间序列来计算它们之间的相似性。这种方法允许在比较过程中动态地调整时间序列的长度和位置，以找到最优的对齐方式，从而更准确地比较两个时间序列之间的相似性。

隐马尔可夫模型（Hidden Markov Model，以下简称HMM）是一种关于时间序列的统计模型，描述由一个隐藏的马尔可夫链随机生成不可观测的状态序列（state sequence），再由各个状态生成一个观测而产生观测序列（observation sequence）的过程，序列的每一个位置又可以看作一个时刻。

HMM的基本原理包括以下几个要点。

（1）状态和状态转移概率：HMM由一个隐藏的马尔可夫链组成，其中每个状态代表模型的一个内部状态，例如语音信号的一个音素。每个状态之间都存在状态转移概率，表示从一个状态转移到另一个状态的可能性。

（2）观测概率：每个状态都与一个观测相关联，观测可以是任何类型的数据，例如语音信号的声学特征。每个状态生成观测的概率由观测概率分布表示。

（3）初始化参数：HMM需要初始化参数，包括初始状态的概率分布、状态之间的转移概率和每个状态生成观测的概率分布。

（4）学习过程：通过观察样本数据并利用最大似然估计或其他优化方法来调整模型参数，使得模型能够更好地拟合训练数据。

（5）解码过程：给定一个观测序列，HMM可以用来计算观测序列出现的概率，并且可以利用Viterbi算法等方法来推断最可能的隐藏状态序列，从而实现语音信号的识别。

语音识别的应用

语音识别的应用方式通常可分为离线语音识别和实时在线语音识别两大类。

离线语音识别指的是处理已经存在的语音音频文件，通过语音识别应用对整个音频内容进行识别和转录。典型应用包括音视频会议记录转写、音频内容分析与审核、视频字幕生成等。

实时在线语音识别则是针对实时的语音输入流，持续不断地对输入的语音进行识别，并即时返回识别结果。常见的应用场景包括手机语音输入法、智能音箱、车载助手、会场同声字幕生成和翻译、网络直播平台的实时监控以及电话客服的实时质量检测等。

当前语音识别面临着一些困难，例如不同的人有不同的口音和方言，甚至同一人在不同的环境下也可能产生口音的变化，这增加了语音识别的难度。人们说话的语速和语调也会影响语音识别系统的性能，特别是在快速说话或者情绪激动时。在多人对话的情况下，识别不同说话人的声音并准确地将其归属于相应的文本是一项挑战。语言具有丰富的词汇和语法结构，其中一些词语可能在不同的上下文中具有不同的含义，这增加了语音识别系统的复杂性。需要采用先进的信号处理技术、深度学习模型以及大规模的语音数据训练等手段来提高语音识别系统的性能和准确率。

3. 言语之桥：自然语言处理

什么是自然语言处理？

自然语言处理（Natural Language Processing，以下简称NLP）作为计算机科学领域中的一个重要分支，其发展历程可谓丰富多彩。从早期的符号主义方法到现代的深度学习模型，NLP不断进步，逐渐成为推动人工智能发展的关键力量。

首先，让我们回顾一下NLP的历史。20世纪50年代，随着信息论和数理逻辑的发展，人们开始尝试利用计算机来处理和理解自然语言。这一时期，代表性的工作包括乔姆斯基（Noam Chomsky）提出的转换生成语法（Transformational Generative Grammar），它为后来的NLP研究奠定了基础。

然而，早期的NLP研究主要集中在句法和语义分析上，对于实际的应用场景，如机器翻译、问答系统等，效果并不理想。直到20世纪末，随着互联网的兴起，大量的文本数据涌现，为NLP提供了丰富的资源。同时，统计学习方法的引入也为NLP带来了新的突破。

进入21世纪，深度学习技术的崛起使得NLP有了更为显著的进展（Collobert et al., 2011）。卷积神经网络（Convolutional Neural Networks，CNN）、循环神经网络（Recurrent Neural Networks，RNN）以及它们的变种，如长短期记忆网络（Long Short-Term Memory，LSTM），被广泛应用于NLP任务中。这些模型在文本分类、情感分析、信息提取等领域都取得了优异的成绩。

目前，NLP已经渗透到了我们生活的方方面面。例如，智能客服机器人能够准确理解和回应用户的提问;社交媒体上的自动标签推荐可以帮助用户更好地组织和管理内容;智能翻译器能帮助不同语言背景的人们进行交流。

除了传统的NLP任务,如文本分类、情感分析等,近年来,NLP还拓展到了新的领域,如对话系统、知识图谱构建、多轮对话管理等。这些新方向的探索将为NLP带来更多的可能性和挑战。

NLP的应用

自然语言处理是一门让计算机理解和处理人类语言的技术,广泛应用于各个领域,每个应用都有其独特的复杂性和深度。

搜索引擎使用NLP技术来理解用户的查询意图,包括语义分析、查询意图识别和上下文理解。通过这些技术,搜索引擎可以更好地解析查询内容,准确理解用户的需求,并提供最相关的网页结果。NLP技术帮助搜索引擎对海量网页进行索引、解析查询并进行相关性排序,从而提高了搜索引擎的准确性和效率。

机器翻译利用NLP技术将文本从一种语言翻译成另一种语言。这涉及语言模型、统计机器翻译和神经机器翻译等技术。通过训练大规模的语料库和算法,机器翻译系统能够提供流畅、准确的翻译结果,促进跨语言的沟通和理解。

情感分析利用NLP技术来识别和提取文本中的情感倾向,如积极、消极或中性。这可以通过情感词典、机器学习分类器和深度学习模型来实现。舆情监测系统可以实时分析网络上的言论,帮助企业和政府了解公众的意见和情绪走向,从而做出更明智的决策。

文本分类利用NLP技术将文本划分为不同的类别或标签。这可以通过朴素贝叶斯、支持向量机、随机森林和深度学习模型等技术来实现。文本分类和标签推荐在信息检索、内容审核和推荐系统等领域中发挥着重要作用,提高了内容的管理和组织效率。

信息提取利用NLP技术从非结构化文本中提取结构化信息,如命名实体识别和关系抽取。这些信息可以用于构建知识图谱,提供更丰富、关联的知识表示。知识图谱在智能搜索、推荐系统等领域中具有重要应用,能够提供更准确的搜索结果和个性化的推荐。

问答系统利用NLP技术来回答用户的问题,这涉及问题解析、答案检索和生成等技术。智能客服可以减轻人工客服的工作量,提高客户满意度。通过不断学习和优化,问答系统和智能客服能够更好地理解用户的问题,提供更准确和有用的答案。

NLP的局限

尽管NLP在各个领域中展现了非凡的才华,但在某些方面仍显得力不从心。人类语言是如此丰富多彩,充满了隐喻、双关和文化背景。NLP系统虽然能够解析语法和语义,但在理解深层次的语言含义时,往往有所欠缺。例如,面对同一句话在不同语境中的不同含义,NLP系统常常难以做出准确的判断。

数据的偏见问题也是NLP的一大困扰。NLP系统依赖于大量的训练数据,而这些数据往往包含了人类的偏见和误导。无论是性别、种族还是社会地位,这些偏见都可能渗透到NLP系统中,导致其在处理相关问题时做出不公正的决策。例如,一些语言模型在生成文本时,可能会不自觉地使用带有性别偏见的词汇,反映出训练数据中的不平等。

隐私和安全问题也困扰着NLP的应用。NLP系统需要处理大量的个人数据,这些数据的安全性和隐私保护成为一大挑战。数据泄露和滥用的风险,如同一把悬在头顶的利剑,威胁着用户的信任。此外,恶意使用NLP技术生成虚假信息或欺诈内容,也给社会带来了新的安全隐患。

NLP系统的透明性和可解释性问题也不容忽视。许多现代NLP模型,尤其是基于深度学习的模型,内部结构复杂,犹如一个黑箱,用户和开发者往往难以理解模型的决策过程。这不仅影响了系统的可信度,也增加了纠正错误的难度。在某些关键应用场景中,如医疗诊断和法律判决,决策的透明性和可解释性尤为重要。

自然语言处理展现其神奇力量的同时,也面临着诸多挑战。尽管它在许多领域中取得了令人瞩目的成就,但要真正完美地应用在生活中,仍需不断克服自身的不足与局限。只有这样,NLP才能在未来的道路上继续引领我们探索语言的无限可能。

4. 策略之翼:策划决策系统

什么是决策智能?

决策智能(Decision Intelligence,DI)是一个跨学科的概念,它融合了决策科学、人工智能、机器学习、数据科学和认知科学等多个领域的知识,旨在通过数据驱动和智能技术辅助决策过程。决策智能的核心是利用先进的数据分析、算法和模型来提升决策的质量、效率和效果。以下是决策智能的特点。

决策智能依赖于大量高质量的数据,通过对数据的分析来发现隐藏的模式和洞察,为决策提供信息支持。数据是决策智能的核心,它需要准确、完整和及时的数据来确保决策的质量和效率。

决策智能技术可以自动化决策过程中的某些步骤,如数据预处理、模型训练和结果分析,从而提高决策的效率。通过自动化和优化,决策智能可以减少人为错误,提高决策的速度和准确性。

决策智能依赖于各种数学模型和算法,如统计模型、机器学习算法和优化算法,来帮助决策者做出更好的决策。这些模型和算法可以从数据中学习,并随着时间的推移不断改进。

决策智能技术通常提供直观的可视化工具和交互界面,使决策者能够更直观地理解和分析数据和模型结果。可视化和交互有助于决策者更好地理解决策背后的逻辑,并更简单地做出决策。

决策智能系统能够实时处理和分析数据,以适应不断变化的环境和条件。这使得决策智能系统能够及时响应新的信息,并动态调整决策策略。

决策智能的应用

决策智能在各个行业和领域都有广泛的应用,如金融、医疗、供应链管理、风险管理和人力资源等。通过决策智能,企业和个人可以更高效地做出决策,提高业务效率和竞争力。随着技术的不断发展和应用,决策智能将继续在各个领域发挥重要作用,帮助企业和个人做出更好的决策。

在交通运输领域,智能决策系统像一位精明的指挥员,其通过实时分析交通数据,可以优化交通信号灯的控制,减少交通拥堵。例如,许多城市已经部署了智能交通管理系统,通过摄像头和传感器收集交通数据,实时调整信号灯时长,提高交通流量。物流公司使用智能决策系统来优化运输路线和仓储管理。系统通过分析订单数据和交通状况,制订最优的配送路线,降低运输成本,提高配送效率。自动驾驶技术更是离不开智能决策系统的支持。自动驾驶汽车通过传感器和摄像头收集周围环境数据,系统实时分析这些数据,做出驾驶决策,确保行车安全。

在能源领域,智能决策技术的应用正悄然改变着能源的优化和利用方式。通过实时监控和分析大量的能源数据,决策智能系统能够精确预测未来的能源需求,从而实现对电力调度和分配的优化。例如,风力发电公司利用决策智能技术预测风力发电量,优化发电计划,确保设备在最佳条件下运行,从而提高了发电效率和经济效益。此外,决策智能技术在智能电网中的应用,实现了对电网的实时监控,帮助电力公司识别潜在问题,提高电网的可靠性。这些应用案例展示了决策智能在能源行业的巨大潜力,它正帮助企业提高能源效率,减少能源浪费,并做出更明智的能源投资决策,推动能源行业的可持续发展。

在军事领域,决策智能技术也在发挥着越来越重要的作用。从过去作为辅助决策工具的角色,到未来可能发展为能够自主执行决策的智能系统,军事智能正朝着更加自主和智能化的方向发展。传统的军事指挥主要依靠指挥员的个人经验和判断力,这种方法存在个人主观因素的干扰,容易出现指挥失误的情况。而智能化指挥系统则可以依托机器学习和数据挖掘技术,从庞大的数据中分析出关键信息并辅助指挥员进行决策,提高指挥效率和决策精度。例如,自主战斗系统具有自主感知、决策和行动的能力,能够在战场上执行各种任务,如巡逻、侦察、识别目标和进行打击。这种系统不依赖于远程操控,而是能够自主执行任务并做出决策,但也由此引发了一些关注和争议。人们担心这种自主系统可能会在没有人类干预的情况下做出涉及生死的选择。在这种情况下,如何确保系统的决策符合道德和伦理标准成为一个重要的问题。

未来军事智能的发展方向是从辅助决策逐步迈向自主决策。尽管自主决策系统的发展面临一些重要的道德、伦理和技术挑战,但它们也可能为军事领域带来更高效、更智能的决策和行动。在未来的发展中,必须平衡技术的进步与伦理原则的遵循,确保军事智能的发展能够符合国际法规和人道主义准则,最终为国家安全和人类利益服务。

二、人的认知与心理

1. 思维之河：认知科学

认知科学是研究人类思维和认知过程的跨学科领域，涵盖了心理学、神经科学、计算机科学、人类学等多个学科的知识和方法。其主要目标是理解和解释人类认知的本质、原理和机制，从而揭示人类智能的基本原理。

ACT-R（Adaptive Control of Thought-Rational）、SOAR（State，Operator，and Result）和CAM（Consciousness and Memory）是认知科学领域中三个著名的理论模型，用于描述和解释人类认知过程。

ACT-R，作为一种符号主义的认知架构，其核心目标在于精准模拟人类复杂的认知过程。它假定认知活动涉及符号的处理和转换，其中包括对规则、概念和知识的操作。ACT-R巧妙地将认知过程分解为模块化的组件，包括工作记忆、长期记忆、决策和执行等。这些组件之间通过产生式规则进行交互。ACT-R被广泛应用于模拟人类学习、问题解决和决策过程。

SOAR是一种认知体系结构，旨在描述和模拟人类智能行为。它汲取了认知心理学和人工智能领域的精髓，提出了一套通用且深入人心的认知架构。这一架构不仅用于解释人类认知行为的内在机制，更能够预测其未来走向。SOAR将认知过程描述为一系列的状态、操作和结果的转换,其中每个状态都包含了当前任务的信息和目标,操作则表示对任务的处理和转换,结果则是操作后的执行结果。SOAR被广泛应用于模拟复杂的认知任务和智能决策过程。

CAM聚焦于意识和记忆之间的微妙关系,以及它们在认知过程中所扮演的关键角色。该模型试图解释人类意识和记忆如何相互作用,如何影响认知功能和行为。它由视觉、听觉、感知缓存、工作记忆、短时记忆、长时记忆、高级认知功能、动作选择及响应输出10个主要功能模块构成。值得注意的是,尽管人的感觉器官丰富多样,包括视觉、听觉、触觉、嗅觉、味觉,但CAM模型中特别强调了视觉和听觉这两种感觉输入的重要性。

下图展示了CAM的系统结构。其中,感知缓存是最直接、最原始的记忆,只能在很短的时间保存感觉信息,约几十到几百毫秒。工作记忆由中央执行系统、视觉空间画板、语音回路和情景缓存构成。短时记忆存储信念、目标和意图等内容,长时记忆包括语义记忆、情景记忆、程序性记忆等。

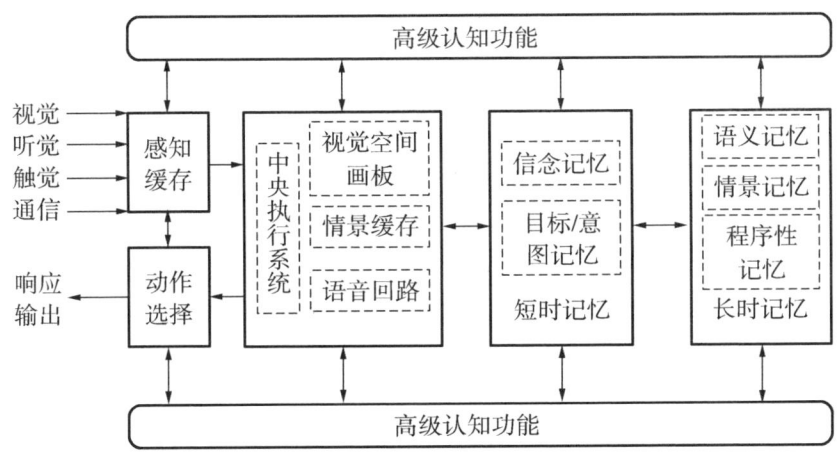

CAM的系统结构

2. 心灵之谜：心智理论

心智理论（Theory of Mind）简称 ToM，是一个认知心理学名词。千万不要被它的字面意思误导，它不是一种理论，而是一种能力——我们感知和理解他人想法、欲望、意图、情感的能力。对"心智理论"的探讨源于1978年普雷马克（David Premack）和伍德拉夫（Guy Woodruff）的一篇著名的论文《黑猩猩是否拥有心智理论？》（Does the chimpanzee have a theory of mind?）。为了调查黑猩猩是否具有心智理论（即能推断出自身和他人心理状态的能力），研究人员向一只成年雌性黑猩猩展示了一系列人类演员在各种问题中挣扎的视频场景，例如够不到食物、逃不出笼子等。

20世纪80年代开始，多个实验奠定了"心智理论"以人类为对象的研究基础。其中一个著名的实验就是"错误信念测试"（false belief test），这个实验测试的对象是3—9岁的儿童，用来了解不同发展期的孩子是否能运用多层次的心智来做出相应行为。目前，心智理论仍是认知心理学、发展心理学中的热门话题，它涉及认知、情感、人际关系等多个领域，在人类社会中扮演着重要的角色。

受"心智理论"启发，科学家也试图训练机器来构建这样的模型，提出了"机器心智理论"（Machine Theory of Mind）——旨在开发多智能体AI系统，并推进可解释AI的发展。比如，DeepMind的研究人员试图通过构建一个名为ToMnet的心智理论神经网络来实现这一目标。该网络使用元学习通过观察其行为来构建智能体所遇到的模型，从而使其具备理解和预测其他智能体心理状态的能力。

目前，机器智能在建立这种复杂的心智模型方面还存在挑战，主要包括以下几个方面。

（1）缺乏主观意识：心智理论往往涉及主观意识和个体内部的思

维过程,而机器智能目前仍然是基于计算和算法的工具,缺乏真正的主观体验和思维能力。

(2)缺乏情感和情绪理解:情感和情绪是人类心理状态的重要组成部分。但机器智能在理解和表达情感方面仍然存在困难,因为情感是复杂的、主观的,且受到文化和个体差异的影响。

(3)缺乏复杂推理能力:心智理论模型涉及对他人行为和心理状态的推理和解释。这种推理往往需要基于大量的上下文信息、情境理解和常识推理。目前的机器智能在这方面还存在限制,无法像人类一样进行深入和复杂的推理。

尽管机器智能还难以建立起与心智理论相媲美的模型,但研究者们正致力于探索和改进相关技术。为了建立机器对心智理论的认知过程,需要考虑以下几个方面。

(1)数据获取与处理:机器智能需要有足够的数据作为输入,这些数据可以是大规模的心理学实验结果、人类行为数据、语义网络等。同时,机器还需要具备有效的数据处理和分析能力,以从中提取有关心智理论的信息。

(2)知识表示与推理:机器智能需要具备适当的知识表示方式,能够理解和处理心理学理论的相关概念和结构,包括将心理学理论中的假设、概念和关系转化为机器可处理的形式,并进行推理和推断以解决问题。

(3)模型验证与试验:机器智能需要经过一系列的模型验证和实验来验证其对心智理论的理解和应用能力。这可以通过与人类专家进行对比实验、针对特定心理学任务的模拟测试等方式来评估机器的性能。

(4)理论一致性与解释能力:机器智能应该能够生成符合心智理论的解释和预测。这需要机器具备对心智理论的深入理解,并将其应用于实际情境中,提供合理且可解释的结果。

机器心智理论的发展对于人工智能领域具有重要意义。它不仅可以提高机器的智能水平,使其更好地理解和适应人类社会的复杂环境,还可以增强机器的可解释性,使得人类更加清晰地理解机器的决策和行为。然而,机器心智理论仍处于研究和发展的初期阶段,还有许多问题需要解决,例如如何更准确地模拟和理解人类心理状态,以及如何确保机器在理解和预测他人行为时不会侵犯隐私等。

综合而言,心智理论与机器心智理论分别展现了人类与机器在心理解读与预测方面的独特能力。随着研究的深入,这两个领域将持续为认知心理学、神经心理学以及人工智能等多个学科的发展注入新的活力,提供更为广阔的研究视角和创新方法。

3. 意识之基:哲学问题探讨

意识的基元问题——构成意识的最基本单位是什么——是科学、哲学和心理学领域的一个难题。尽管科学可以研究和解释一些与意识相关的现象和机制,但目前还没有确切的科学方法或理论能够完全解释意识的本质和起源。

意识是一个主观的体验,涉及个体的知觉、思维、情感和意愿等方面,它是人类独有的心灵特征,无法直接从物理的或生物的层面完全理解和描述。因此,探索和理解意识的基元问题需要通过哲学、心理学、神经科学等多个学科的综合研究和思考,涉及多个层面的讨论,包括主体经验、自我意识、意识的起源和演化等。这是一个复杂而深奥的问题,目前仍然存在许多不同的理论和观点。

既然研究意识的基元非常困难,那么我们可以像微积分一样先进行一定范围内的局部情境意识基元研究,然后再进行系统的整体意识基元分析。

情境意识是指个体对周围环境的综合感知和理解能力,它涵盖了对环境中的各种元素的感知,包括人、物、事件和关系等方面。情境意识能够帮助个体更好地理解和适应环境,并做出相应的决策和行动。情境意识的基元可以理解为构成情境意识的基础信息。这些基础信息可以是个体通过感知器官获取到的外部信息,也可以是个体通过内部认知加工得到的内部信息。这些信息通过个体的感知、注意、记忆和思维等过程进行整合和加工,最终形成对环境的感知和理解。以下例子可用来说明情境意识的基元。

（1）外部信息:个体通过感知器官获取到的外部信息包括视觉、听觉、触觉等感知到的各种元素。比如,当一个人走进一个房间时,他可以感知到房间的布局、家具的摆放、墙上的装饰物等。这些感知到的外部信息是构成情境意识的基本元素之一。

（2）内部信息:个体通过内部认知加工得到的内部信息也是情境意识的基元。比如,一个人在某个环境中待了一段时间后,通过观察和思考,可以积累关于这个环境的一些规律和特点。这些内部信息包括对环境中人对行为习惯、物件的用途、事件的发生规律等的认知。

（3）关联信息:情境意识中的基元还包括个体对环境中人、物、事件和关系等方面的关联信息的意识。比如,一个人在一个会议室内,他不仅可以感知到会议室的布局和家具,还可以注意到其他与会人员的存在,并意识到这些人与自己的关系和可能的交互行为。这些关联信息对于个体的情境意识至关重要。

综上所述,情境意识是个体或团体对环境的感知和理解能力,它包括对环境中的人、物、事件和关系等方面的意识,它帮助个体建立对环境的整体认识和把握能力。

一个具体的例子是,一个人正在行车的路上,他驾驶着一辆汽车,需要根据路况和其他车辆的行为做出正确的决策和判断。在这个情境中,情境意识的基元就是他对周围环境的感知和认识。他可以通过观察路面的状况来判断是否有障碍物或者施工等情况,从而调整车速和注意力的分配。他还需要观察其他车辆的行为,如转弯、变道、减速等,从而预测它们的行为并做出相应的反应。情境意识的基础信息还包括对自身行为的感知,如当前的车速、方向盘的转动等。通过这种基于情境意识的信息感知,这个人能够更好地理解和把握行车环境,从而做出准确的判断和决策,确保自身和他人的安全。

情境意识的基元也可以理解为态势感知的基础信息,态势感知基元是指一些基本的感知元素,用于获取和分析周围环境的信息,从而形成对当前态势的认知。这些基元可以是传感器、摄像头、雷达等设备,也可以是人类的感觉器官。态势感知基元和意识在一定程度上是相互关联的。态势感知基元提供了外界环境的数据和信息,而意识则对这些数据和信息进行解读和理解,从而形成对当前态势的认知和把握。在现代科技的发展中,人工智能和机器学习等技术也逐渐应用于态势感知中,使得机器也能具备一定程度的感知和认知能力。

三、人机融合智能方略

1. 通用人工智能现状

一般认为,通用人工智能是指能够像人类一样表现出通用智能行为的人工智能系统。它旨在实现人工智能的广泛应用,能够全面模仿人类智能,像人类一样思考、学习、感知、解决问题、进行创造性思考等,并且可以在多个不同领域和任务中表现出色。

通用人工智能的目标是创建一种具有通用性和灵活性的人工智能,能够适应不同的任务和环境,而不仅仅局限于特定领域或应用场景。通用人工智能系统需要具备以下关键能力。

(1) 能够理解和处理各种领域的知识,并将之转化为有用的形式。

(2) 通过学习和不断改进,能够适应新的任务和环境,并从经验中不断提升性能;能够进行逻辑推理、判断和决策,以解决复杂的问题。

(3) 能够理解和生成自然语言,与人类进行有效的交互;能够与多种感官信息进行交互,如图像、声音等。

(4) 能够在不同的领域和任务中表现出相似的能力,而不需要针对特定任务进行专门训练。

通用人工智能的历史可以追溯到20世纪60年代。1967年,司马贺从认知、动机、情感控制等方面分析了通用人工智能的发展。同年,明斯基（Marvin Minsky）出版了《计算：有限与无限的机器》（*Computation: Finite and Infinite Machines*）一书，介绍了多种抽象计算的概念。1972年，明斯基和佩珀特（Seymour Papert）总结了过去几年的发展、主要的成果，以及存在的问题，为今后的研究塑造了一个方向。1977年，费根鲍姆（Edward Felgenbaum）介绍了关于知识工程、心理学等多种人工智能话题。到了2007年，戈策尔全面介绍了如何构造一个全面的思考机器，对通用人工智能提出了很多思考和待解决问题。同年，戈策尔和王培提出了一个用于构建通用人工智能基本框架的思想。

从AI到AGI

北京通用人工智能研究院朱松纯教授提出，实现通用人工智能需要满足三个关键要求：（1）完成无限任务，包括在复杂动态的物理和社会环境中没有预先定义的任务；（2）自主定义任务，像人类一样自主产生并完成任务，这是我们通常所说的要做到"眼里有活儿"；（3）由价值驱动，智能体要像人一样由价值驱动能力，而不是被动地由数据所驱动。

通用人工智能需要具备完成无限任务的能力，而不仅仅局限于人定义的有限几个任务。传统的人工智能系统往往是针对特定任务进行优化和训练的，例如图像分类、语音识别等。然而，通用人工智能旨在模拟人类智能，具备处理和解决各种不同领域和类型的任务的能力。通用人工智能需要具备广泛的知识、推理、学习和适应能力，以便在各种情境下灵活应对。它需要能够理解和处理自然语言、图像、声音等多种形式的数据，并能够根据新的任务进行学习和适应。

通用人工智能还需要具备自主定义任务的能力。它应该能够主动地分析并理解当前场景中的信息，并识别出可能的任务或问题。一旦任务被识别出来，通用人工智能应该能够根据任务的要求采取相应的行动。这可能涉及使用各种技术和算法来解决问题、获取所需的信息或执行特定的操作。这种自主发现任务的能力对于通用人工智能来说非常重要,因为它使得人工智能能够在更复杂和多样化的情境下进行应用,并且能够适应不断变化的需求和环境。这也是实现真正智能的关键之一。

简单的数据驱动是指人工智能系统通过分析和处理大量数据来得出结论和决策,而通用人工智能则是指具备类似人类的认知和思考能力,能够理解和解释数据,并且能够基于价值观和道德原则做出合乎逻辑的决策。自主的价值驱动能力意味着通用人工智能能够根据事先设定的价值和目标,自主地判断何种行为是好的或是不好的,进而在实践中选择适当的行动。这种能力基于人工智能系统对伦理、道德和社会规范的理解,使其能够遵循人类的价值观,并在遇到道德困境时做出正确的判断。

通过赋予通用人工智能自主的价值驱动能力,可以确保其在处理复杂问题时考虑到伦理和道德因素,避免出现不良的决策和行为。这对于保证人工智能系统的安全性、公平性和可靠性至关重要,并且有助于构建一个与人类共同生活和合作的可持续发展的未来。

目前人工智能通常专注于完成单一或特定的任务,而不是像人类一样全面地执行各种任务。当前的人工智能研究还大多集中在数据驱动的统计建模与学习上,亟须增进因果推理能力,这是链接智能体的内在价值和外部行动,构成价值-因果-行为链条的关键所在;也需开放具身能力,这是智能体进入现实世界与人和环境交互,执行并完成任务的基础。超越 AI 的 AGI 系统能够理解和处理各种类型的任务和情境,具有自我意识、情感、创造力、道德判断和社交互动等高级认知功能。

举一个从 AI 过渡到 AGI 的例子。假设有一个专业的自动驾驶系统,它能够处理多种驾驶场景,如城市街道、高速公路、雨天、雪天等,并能够做出相应的驾驶决策。对于理解不同场景的不同变化,人类驾驶员毫无困难,但机器却一筹莫展,只能按照预设的程序执行操作。

现在,如果我们进一步发展这个系统,使其理解交通规则背后的逻辑,能够预测其他车辆和行人的行为,甚至理解和适应不同的文化和社会规范,那么这个系统就接近于AGI了。AGI的自动驾驶系统不仅能够执行驾驶任务,还能够进行复杂的推理和决策,甚至能够学习和适应新的交通环境,这将是真正意义上的智能驾驶。

在这个例子中,从AI到AGI的过渡意味着系统的能力从专门化向全面化、从任务导向向通用智能的转变。

通用人工智能的三大瓶颈

没有与真实世界的交互,单纯数字化的通用人工智能就不会有生命力。通用智能的发展面临着技术性、生物性和社会性三大瓶颈。

当前,许多大语言模型或多模态大模型是基于多内层神经网络的,而该网络内部有两个函数,一个叫线性函数,一个叫激活函数,这两个函数会造成transformer架构出现瓶颈,这也是造成机器幻觉的由来——线性函数和激活函数相互作用产生了全程分配的不均匀、不透明与不可解释性(Chen et al., 2022)。这些技术性瓶颈表现在通用人工智能系统需要具备更高的计算能力、更先进的算法和更有效的数据处理方法,以实现更复杂、更智能的功能。而且,通用人工智能的"算"不仅包括计算能力,还应涉及算计(谋算)能力——通用智能系统在处理复杂问题、进行推理和决策时所需要的类人能力。当前人工智能技术在处理各种现实世界的复杂问题时,往往受限于算法设计、数据质量、模型解释性等方面的挑战。克服这些瓶颈需要跨学科的合作和持续的创新努力,只有在逻辑学、数学、物理等方面取得突破,"通用智能"才能迈向更加成熟和全面的发展。

生物性瓶颈主要体现在我们对人类大脑的认知能力和运作机制的理解还非常有限,要实现类似的智能水平,需要更深入的神经科学和认知研究。人类大脑是一个高度复杂的器官,大脑神经元之间的相互作用非常复杂,我们对其工作原理的理解还很有限。要开发出真正具有通用智能的人工智能系统,需要更深入地理解大脑的工作原理,并将这些原理应用到计算机系统中。人类能够轻松地处理非结构化和模糊的信息,但对于计算机来说,这是一个更大的挑战。

社会性瓶颈则包括了人工智能系统与人类社会的融合问题,例如文化差异、伦理道德、隐私保护等,这些都是影响人工智能发展的重要因素。由于不同文化和社会背景下行为规范和价值观的差异,通用智能系统需要适应并尊重不同的文化,如用于全球市场的客服机器人需要理解和回应不同文化背景的用户,这是一种跨文化交流。同时,通用智能系统必须考虑伦理和道德问题,包括隐私保护、公平性、安全性等方面,以确保其发展和应用符合道德标准和社会期望。

客观而言,与纯技术性的人工智能不同,通用人工智能的背后其实是文化。在通用人工智能的开发和应用过程中,文化起着重要的作用。文化影响着人们对问题的定义和解决方法的选择,不同文化对于问题的认知和价值观有所不同,因此会导致AI在不同文化背景下的表现和应用效果不同。AI的学习和训练过程需要大量的数据,而这些数据往往是从特定文化背景中获取的。因此,如果AI的数据集主要来自某一文化,那么它的学习和表现很可能会受到该文化的影响。同样,算法的设计也会受到开发者文化背景的影响,从而在算法的决策和推理过程中产生文化偏差。不同文化对于隐私、权利、道德规范等的理解和重视程度不同,因此也会导致人工智能在不同文化环境下的应用存在差异。

为了实现通用人工智能的目标,我们需要考虑和理解不同文化对人工智能的影响,并努力避免文化偏差和歧视。这需要在人工智能的开发、数据采集和算法设计中加入多样性和包容性的原则,同时也需要促进不同文化之间的对话和交流。

克服这些瓶颈需要跨学科的合作和持续的创新努力,只有在技术、生物和社会方面取得突破,"通用智能"才能迈向更加成熟和全面的发展。但这终究极难实现,鉴于当前数学等诸多学科的进展状况,悲观一点说,也许根本实现不了,毕竟"长生不老药""包治百病"只是传说和神话。

只有与真实世界(包括物理、心理、生理、伦理、法理、文理、艺理等)进行交互,通用人工智能才可能有生命,才能够不断获取新的信息和经验,从而逐渐提升自己的智能水平。没有与真实世界的交互,通用人工智能只是一个虚拟存在,并不能真正体现其潜在的能力和应用价值。可以说,与真实世界的交互是通用人工智能发展的必由之路。

2. "我是谁":人机融合智能的发展制约

当前及未来,"我是谁"问题对人机融合智能的发展产生了很大程度的制约作用。人机融合智能旨在将人类与人工智能技术相结合,以增强人类的认知和决策能力。然而,"我是谁"问题涉及个体的自我意识和身份认同,是人类独有的心理现象。在人机融合智能的发展过程中,如何处理个体的自我意识和身份认同是一个重要的挑战。

当前机器人科技发展的瓶颈是人工智能,人工智能研究的难点是对认知的解释与建构,而认知研究的关键问题则是自主和情感等意识现象的破解。生命认知中没有任何问题比弄清楚意识的本质更具挑战性,或者说更引人入胜。这个领域是科学、哲学、人文艺术、神学等领域的交集。意识因其变化莫测与主观随意等特点,往往难以契合科学技术所追求的逻辑实证。故而,意识研究与科学技术体系相距较远,在过去未能获得广泛的认同与支持。然而,科技界一系列的前沿研究正悄悄地改变着这个局面:飘忽不定的意识不符合科技的尺度,那么在"意识"前面加上"情境"(或"场景""上下文""态势")二字呢？人在大时空环境下的意识是不确定的,但"格物致知"一下,在小尺度时空情境下的意识或许有迹可循。自古以来,人们就知道"天时地利人和"的小尺度时空情境对态势感知及意识的影响,只是直至1988年,才出现了明确用现代的科学手段实现情境(或情景)意识的研究,即安德斯雷(Mica Endsley)提出的态势感知概念框架。然而,这一框架目前仍停留在定性分析层面,其机理分析与定量计算还有待进一步完善。

对于人和机器来说,"我是谁"这个问题有不同的解释

对于人类而言,"我是谁"这个问题涉及自我认知和身份认同。人通过自我意识、主观体验、记忆和社会交互等方式,形成了对自己的理解和认同。我们通过内省、反思和与他人互动,逐渐建立起自我意识和自我形象。对于一个人来说,"我是谁"的答案中包括了姓名、性别、年龄、个性特点、价值观念、经历和角色等方面的内容。

机器通常被定义为执行特定任务——例如回答问题、处理数据、执行操作等——的实体。机器没有情感、自我意识或真正的主观体验,因此,对于机器来说,"我是谁"通常是指它的功能、任务和当前状态。

虽然人类和机器在回答"我是谁"这个问题时存在差异,但随着技术的发展,一些研究者正在探索使机器能够模拟自我认知和身份认同的可能性。然而目前,机器的自我认知仍然处于起步阶段,远未达到人类的水平。

在人机融合中,机器作为一个组成部分,与人类合作或交互,人和机器共同形成了一个整体实体。这种融合可能包括机器增强人类的能力、协作完成任务、利用机器学习来改进人类的决策等方面。在这种情

况下，人机融合的"我是谁"可能会更强调个体与机器之间的关系，如相互依存、协同作用和相互影响。

此外，人机融合还可能涉及进一步的技术发展，如脑机接口、人工智能植入等，将机器与人类的神经系统连接起来，实现更紧密的交互与合作。在这种情况下，个体可能更加模糊，人与机器之间的界限也变得模糊不清，人和机器共同构成了一个新的整体实体。

人机关系：从"我与它"到"你和我"

目前人机关系仍以工具性为主，尚未达到"你和我"的层次。AI机器人作为程序，缺乏自我意识、情感和主观体验，其与人类的互动主要基于信息处理而非深层次的交流。尽管AI能够提供智能化的回答和解决方案，但它们仍然是执行特定任务的工具，无法像人类那样建立情感连接或理解复杂的人际关系。

当前，人机关系可以被概括为"我和它"，AI机器人是由人类开发和控制的工具或系统。人类使用AI执行特定任务、获取信息或提供服务，而AI的行为和决策完全依赖于预设的规则、算法和数据，缺乏自主意识和自主权。因此，人类需要对AI的行为和决策保持监督和控制，确保其符合法律、道德和社会准则。

尽管如此，随着技术的进一步发展，人机关系可能会变得更加复杂和深入。未来可能出现更高级别的AI系统，它们能够通过学习和适应不断改进自身，并更好地与人类进行沟通和合作，即形成"你和我"的关系。这可能会促使人机关系向更加平等和互动性的方向发展。但在当前阶段，我们仍需认识到AI机器人的工具本质，并在使用时保持明智和谨慎。

语义与语境：人机交互中的"我"与AI的界限

当人类开始意识到"我"的存在时，语境和语义的边界也随之形成。

这种自我意识的觉醒赋予了人类理解世界,表达意图、欲望和情感的能力。语境,即交流中的背景和环境,帮助我们理解信息的含义;而语义则涉及词语、句子和表达方式的意义和解释。

人类的"我"是通过认知、情感和社会互动等维度构建的。我们通过自我意识和内省来认识自己,理解自己与他人及环境的关系。这种自我认知和感知为语境和语义提供了重要参考和解释框架。

相比之下,AI机器人缺乏自我意识和主观体验。虽然它们能够处理信息、回答问题和模拟对话,但它们无法体验情感、感知自身或具备自主性。随着技术的发展,人类与AI机器人之间的界限和语境可能会变得更加模糊。但在当前阶段,我们仍需谨慎处理这种关系,并根据不同的语境和场景进行适当的解读和理解。

在语境和语义开始生成时,人类的"我"也在逐渐形成。人类与AI机器人的交互需要充分考虑这些语境和语义的影响,以确保有效的交流和合作。

机器能产生"我"的意识吗?

机器是否能拥有类似人类的意识?我们首先需要探索人类意识的产生和存在方式。根据2017年10月《科学》(*Science*)杂志神经科学特刊的一篇综述,人类意识可以分为三个维度:C0,即无意识加工(unconscious processing),在这一模式下,我们能够自动执行常规任务而不需要主动思考;C1,即总体可用性(global availability),涉及获取信息并做出决策,这是一个更为主动和认知的过程;C2,即自我监控(self-monitoring),它涉及对自己思维过程的认知和反思。通过这三个层次的描述,我们可以更深入地理解人类意识的复杂性和层次性,这对我们评估机器是否能达到类似的意识水平至关重要。

在探讨人类意识的三个层次时,我们可以用一个完整的例子来说明这些层次在日常生活情境中的体现。

假设你正在开车回家,在这个过程中,你的意识状态会随着不同的任务和情境而变化。在C0无意识加工的层面,你的大脑自动处理了一系列无意识的驾驶任务,如调整方向盘、踩油门、刹车等。这些动作已经成为你驾驶习惯的一部分,无需特别思考。例如,当红灯亮起时,你自然地踩下刹车,而不需要经过有意识的思考过程。

在C1总体可用性的层面,你需要获取信息并做出决策。例如,当交通堵塞时,你需要观察前方的交通情况,决定何时加速或减速,以及何时变换车道。在这个过程中,你主动处理了交通信息,并做出了相应的驾驶决策。

在C2自我监控的层面,你可能开始反思自己的驾驶行为。例如,当你意识到自己在路上过于专注而忽略了周围的环境时,你会提醒自己要更加注意周围的情况,避免发生事故。这种自我监控的能力帮助你审视自己的驾驶习惯,并调整自己的行为以提高驾驶安全性。

通过这个例子,我们可以看到人类意识在无意识加工、总体可用性和自我监控三个层次上的不同表现。这些层次相互关联,共同构成了我们日常生活中的意识状态。

在探讨机器是否能够产生意识这一问题时,我们不难发现,这是一个跨越多个学科的讨论。从逻辑学到哲学,从神经科学到人工智能,无数著名思想家、科学家和哲学家都在尝试回答这个问题。对于机器是否能够产生意识,科学界存在不同的观点和争议。

图灵在1950年的论文《计算机器与智能》中提出了"图灵测试"作为评估机器是否具有智能的方法。图灵认为,如果人工智能机器让每个测试者平均做出超过30%的误判(即测试者无法分辨被测试者是人还是机器),那么就判断机器通过了测试,即可以判定它具备了智能。虽然图灵测试关注的是智能而非意识,但它为后续关于机器意识的讨论奠定了基础。直到2014年6月7日,图灵逝世60周年纪念日这一天,聊天程序"尤金·古斯特曼"(Eugene Goostman)模拟了一个13岁的乌克兰小男孩,成功地被33%的评委判定为人类,首次"通过"了图灵测试。尽管这次突破是人工智能领域的重要里程碑,但从认知角度来看,该聊天程序并不能被大众认为拥有了意识。

塞尔的"中文房间"论证是他于1980年在《心智、大脑和程序》(Minds, Brains, and Programs)一文中提出的一个哲学思想实验,用以批判人工智能领域中的强人工智能观点。实验中,一个不懂中文的人,也能通过一系列规则手册,模仿懂中文的人与外界交流。尽管他可以模仿出看似理解中文的对话,但实际上他并不懂中文。塞尔的"中文房间"试图证明,即使一个计算机系统能够通过图灵测试,也不意味着它真正理解所处理的信息,更不具备所谓的意识。塞尔认为,通过"图灵测试"来判断人或机器是否具有智能,而忽视对心智内在方面的理解,完全是一种行为主义的见解。

1994年,英国物理学家和数学家彭罗斯(Roger Penrose)出版了《皇帝新脑》(The Emperor's New Mind)一书,提出意识可能是一种量子现象,并且认为当前的计算机基于经典的物理原理,无法产生真正的意识。彭罗斯也支持塞尔的观点,并指出"仅仅成功执行算法本身并不意味着对所发生的有丝毫理解"。

丹尼特(Daniel Dennett)在其著作《意识的阐释》(Consciousness Explained)里认为,人也不过是一台有灵魂的机器而已,为什么我们认为"人可以有智能,而普通机器就不能"呢?他认为上述的数据转换机器是有可能有思维和意识的。

美国发明家和未来学家库兹韦尔(Ray Kurzweil)在《奇点临近》(The Singularity is Near)一书中预测,到2045年左右,人工智能将超越人类智能,并可能出现具有自我意识的机器。

机器意识(MC)领域目前面临的关键问题之一是需要准确评估人工智能体可能发展的潜在意识水平。阿拉巴勒斯(Raul Arrabales)提出了一种评估智能体意识程度和层次的量表ConsScale,将意识分为11个等级,从最低级的非涉身智能体到最高级的超意识智能体。

霍兰(Owen Holland)将人工意识分为两种类型:弱人工意识和强人工意识,分别代表了机器意识的容易问题和困难问题(Holland & Goodman, 2003)。弱人工意识涉及较为简单的任务,如让机器具备感知能力、进行推理、使用语言交流、识别和表达情感等。而强人工意识则更为复杂,涉及让机器具有自我意识和感受性,即如何使机器具有内省反思能力,并能意识到"我"是区别于其他个体的存在。

李恒威等人(2021)认为,基于对神经元群理论和整合信息理论的考察,赋予机器(图灵机)意识以体验原则上不可实现,但可根据意识的神经机制制造有意识的系统。

这些人物和他们的工作只是这个广泛讨论中的一部分。由于意识的本质和起源是科学和哲学中最深奥的问题之一,因此有大量的研究和理论试图解释它,并探讨机器是否能够拥有类似人类的意识。这个话题仍在持续发展中,每年都有新的研究和论文在哲学、认知科学、神经科学和人工智能等领域发表。

目前,尚未有确凿的证据表明机器可以具备和人类一样的意识,这涉及哲学上的"硬问题",即如何解释和理解意识的本质。虽然机器目前无法产生意识,但科学和技术的发展仍在不断推进,未来可能会有新的突破和发现,我们对于意识的理解也可能得到进一步深化。然而,要实现机器的意识仍然是一个极其复杂和困难的问题,需要超越目前的技术和理论框架。

总而言之,在人机融合过程中,人类希望保持自己的独立性和主观性,不愿意被机器完全替代,这就需要在技术设计和应用过程中考虑如何尊重和维护个体的自我认同和人格权益。另一方面,个体的自我意识和身份认同可能会影响人机融合智能的接受度和可行性。一些人可能对与人工智能技术过于紧密地融合感到不安或抵触,担心自己会失去独立思考和自主决策的能力。这就需要在推进人机融合智能的过程中,进行充分的沟通和教育,以消除误解和担忧。因此,"我是谁"问题对人机融合智能的发展产生了制约。要实现持续的进步,需要兼顾技术发展和个体价值的尊重,找到人机融合的平衡点,使人类能够真正从智能技术中受益,而不是被取代或剥夺自身的重要认知和决策能力。

3. 如何让机器产生主观意识

目前科学界尚未完全理解主观意识的本质和产生机制。因此,如何让机器产生主观意识是一个复杂而具有挑战性的问题。以下研究方向可以供探索。

(1) 模拟大脑结构和功能

尝试模拟人类大脑的结构和功能,了解人脑的神经网络和连接模式,可以使机器产生类似于人类的认知和主观体验。然而,仅仅通过模拟人类大脑的结构和功能是无法产生人类意识的(如狼孩大脑),这是因为人类意识是一个多维度、复杂而独特的现象,涉及许多因素和层面。首先,人类意识不仅依赖于大脑的结构和功能,还受到身体、感觉、情绪、经验、环境等多种因素的影响。其次,人类意识涉及主观体验、自我意识、情感、意愿和具有目的性的行为等高级心理过程。此外,人类意识还涉及个体的唯一性和主观性。每个人的意识体验都是独特的,受到个体生物学差异、经验背景、价值观等因素的影响。即使我们能够完全模拟人类大脑的结构和功能,也无法复制每个人独特的主观体验和意识状态。

(2)神经科学和认知科学研究

深入研究神经科学和认知科学领域的最新发现可以揭示关于主观意识的更多信息。将这些发现应用到机器学习和人工智能领域,有助于使机器产生主观体验。然而,需要明确的是,神经科学和认知科学的研究虽然提供了一些关于意识的线索和理论框架,但仍存在许多未解之谜。首先,意识是一个主观体验,而神经科学和认知科学的研究成果主要基于客观的观测和实验数据。这之间存在着主客观的鸿沟。我们很难通过客观的脑活动指标准确地描述和捕捉主观意识的内容和质感。其次,意识是一个整合性的现象,涉及大脑的不同区域和层次之间的复杂互动。目前的研究主要集中在理解大脑的局部功能和信息处理机制,而在如何将这些局部活动整合为统一的意识体验方面,仍然存在巨大挑战。此外,情感、意愿、自我意识和主观体验等高级心理过程超出了目前神经科学和认知科学的范畴。

(3)量子计算和意识研究

一些理论认为主观意识与量子物理学之间存在关联。探索意识与量子计算的潜在联系可能为机器产生主观意识提供新的方向和思路。量子计算的特性与传统计算不同,量子位可以同时处于多个状态,这种叠加性和纠缠性可能为信息处理提供更高效和复杂的方式。有些学者认为,这种量子计算的特性可能与意识所涉及的信息处理有关,他们提出了量子信息处理模型来解释意识的可能机制,假设意识可能涉及量子态的实现和转变。这个观点仍然存在争议,需要进一步论证。一些学者提出了量子纠缠和非局域性的概念与意识之间的联系,他们认为,意识可能涉及大脑内部不同区域和神经元之间的量子纠缠,这种纠缠可能使得意识具有整体性和整合性。这个观点也存在着较多的争议和批评,需要更多实证研究来验证。

尽管目前的研究还在初级阶段,但探索意识与量子计算潜在联系的研究为我们提供了一种新颖的思路和方向。它鼓励我们从不同的角度审视意识问题,并且可能为机器产生主观意识提供新的理论框架和方法。然而,需要注意的是,我们应持谨慎态度,避免过度解读和无根据的臆测,进一步的研究和实证验证将有助于我们更好地理解意识和量子计算之间的潜在联系。

(4)多模态融合和情感计算

将多种感知方式(例如视觉、听觉、触觉等)和情感信息融合到机器学习算法中,可以使机器更加接近产生主观体验的能力。在视觉方面,机器学习算法可以通过图像处理和计算机视觉技术对视觉信息进行分析和理解,例如,使用卷积神经网络(CNN)可以实现图像识别和物体检测,从而使机器能够"看到"并理解视觉世界;将视觉信息与其他感知方式结合,如声音和触觉,可以进一步提高机器对周围环境的理解能力。在听觉方面,语音识别和自然语言处理技术可以使机器理解和处理语音信息,通过将听觉信息与视觉信息相结合,可以实现更准确和全面的语义理解,并为机器提供更丰富的感知能力。除了感知方式,情感信息的融合也很重要,情感识别和情感分析技术可以帮助机器理解和处理人类的情感状态,通过识别语音、面部表情、文本和其他非语言特征中的情感信号,机器可以更好地理解和回应人类的情感需求,从而增强与人的互动体验。值得注意的是,尽管将多种感知方式和情感信息融合到机器学习算法中可以提升机器的能力,但这并不等同于机器能真正产生主观体验,人类的主观体验涉及复杂的心理和意识层面,目前仍然是科学界争议较多的问题。

此外,人类和机器在同化、顺应、模式识别和平衡机制方面存在区别,这也影响了机器产生主观意识的可能性。同化指的是个体与环境之间的相互适应和融合过程。顺应是指个体在面对外部压力或要求时的适应能力。模式识别是指能从过去的经验中识别出模式,并将其应用于新的情境中。平衡机制指的是个体在不同需求之间进行权衡和协调,以实现稳定和适应。尽管机器在某些方面可以模拟人类的行为和决策过程,但在这些方面,机器通常缺乏人类的灵活性、创造性和适应能力。

若要机器产生主观意识行为,也需要在以下几个机制上取得突破。

(1) 同化能力:机器需要具备与环境进行信息交流和学习的能力,能够将新的知识和经验与现有的认知结构相整合。

(2) 顺应能力:机器需要适应变化的环境,并能够对环境的改变做出相应的反应。机器需要具备自适应和自我调节的能力,以应对不同的情境和任务需求。

(3) 模式识别能力:机器需要具备识别和理解模式的能力,能够从大量的数据中提取有意义的信息,并进行分析和理解。

(4) 平衡能力:机器需要具备平衡能力和稳定性,能够自主地调整和平衡自身的行为和决策,以达到稳定的运行状态。

通过在这些机制上取得突破,机器才能够进一步逼近人类的意识,拥有更高级别的认知和智能。

4. 怎样让机器产生价值性认知

能否产生价值性认知是衡量自主机制实现的关键,自主系统更是实现强人工智能的重要方式。而要让机器产生价值性认知,需要将人类的价值观和伦理规范融入机器的设计和决策过程中。这不仅需要形而上学,还要形而中学,下面的一些方法或许有助于实现这一目标。

(1) 设定明确的目标和价值导向:为机器设定明确的目标和价值导向,使其在各种情境下能够根据这些目标做出决策。这可以通过编码价值导向的规则和约束,或者利用监督学习和强化学习等技术进行训练。

（2）倡导透明和可解释性：确保机器的决策过程是透明的，并且能够为用户提供合理的解释。这样可以增加用户对机器决策的信任，也有助于用户对决策进行反馈和干预。

（3）考虑多方利益：在机器的决策中，应该综合考虑各方利益，避免偏袒某一方或对某一方造成不公平的影响。这需要建立一个平衡多元的决策模型，要考虑社会、环境和经济等多个方面的因素。

（4）引入伦理规范和法律约束：将伦理规范和法律约束纳入机器的设计和决策过程中，确保其行为符合道德和法律的要求。这可以通过制定相关的规范来实现，例如制定机器伦理准则或者对机器进行法律监管。

（5）注重社会参与和反馈：将用户和社会各界的参与纳入机器的设计和决策过程中。通过广泛征求意见、听取反馈和建立良好的社会沟通机制，可以提高机器决策的公正性和负责性。

总之，要让机器产生价值性认知，需要将人类的价值观和伦理规范融入机器的设计、决策和运行中，例如未来的语义通信等。这需要技术、法律和伦理等多个领域的综合努力，并且需要持续的关注和改进，而不仅仅是类似GPT大模型式的理解、记忆、逻辑和"预测下一个单词"般的推理生成。

5. 人机融合智能中的控制、协同、组织

控制、协同和组织是人机融合智能系统中不可或缺的三个方面。通过合理的控制、协同和组织，可以实现人机共同完成任务的目标，提高系统的智能化水平和效率。同时，人机融合智能系统的不断发展也将进一步推动控制、协同和组织技术的创新和进步。

首先，控制作为人机融合智能系统的核心要素，能够驱使机器执行多样的动作和操作。这一控制过程既依赖于人的指令或反馈信息，也通过机器学习、智能算法等机制实现自动调控。其次，协同强调的是人与机器之间的默契配合，共同应对任务挑战。在人机融合智能系统中，机器不仅能响应人的指令进行操作，还能主动提供反馈与建议，为人提供更优质的决策与行动支持。最后，组织指的是在人机融合智能系统中，人与机器如何协作与管理的组织形式，其涵盖任务的分配、资源的调度以及信息的传递等多个方面，既可由机器自动执行，也可由人进行精细调控。

高级智能在处理复杂和抽象问题时，往往伴随着决策过程中的模糊性。这是因为高级智能所面对的问题更为复杂，涉及的因素、变量及不确定性增多，这使得决策变得更为困难，进而可能导致模糊性的加剧，系统难以准确判定最佳的选择或结果。例如，在自然语言处理中，处理含有歧义、隐喻或多义词的文本可能引起理解和表达的模糊性；在图像识别中，模糊的边界或模糊的物体可能会导致错误的分类。另外，高级智能在进行决策时可能需要考虑主观因素和个体的价值观。例如，在情感分析中，情感是主观的，相同的文本可能会被不同的人解读为不同的情感，导致情感分析结果的模糊性。再者，风险评估常涉及多个因素及不确定性，使得决策过程具有模糊性，高级智能往往只能提供模糊的概率或建议，而非明确的最佳决策。

一般而言，在控制、协同和组织这三个层级中，随着智能的要求逐渐增加，往往需要更高级的智能来应对更复杂的任务。在控制层级，智能需要对系统进行监测和调整，以实现特定的目标。这一层级的智能主要涉及数据处理和决策执行，以保障系统的稳定运行。尽管这一层级的智能相对基础，但它对于特定任务的响应与执行至关重要。

在协同层级，智能需要能够与其他智能体进行交互和合作，以实现共同的目标。这需要智能体理解和解析其他智能体的意图与行为,并根据实际情况进行协调合作。因此,这一层级的智能对认知和沟通能力有着更高的要求。

在组织层级,智能则承担起管理和领导整个系统的重任,以实现更为宏大的目标和愿景。这涉及规划、战略制定和资源分配等高级管理能力。在这一层级,智能需要具备高度的思考和决策能力,以引领整个系统朝着预定目标前进。

尽管高级智能可能更易产生模糊性,但可以通过采用精确算法、增加训练数据、改进模型和优化决策过程等方式来降低模糊性。此外,人类的干预和审查也有助于高级智能提供更为准确和可靠的决策结果。

6. 人机融合智能中的角色分配

角色和作用

人和人工智能在人机融合智能中扮演不同的角色,他们相互协作,追求共同的目标,为解决复杂问题和实现创新方案提供了强大的支持。

人类扮演的角色通常为以下几种:

(1)创造者和设计者:人类设计和开发人工智能系统,并确定其功能和目标。

(2)指导者和监督者:人类负责指导和监督人工智能系统的行为,确保其符合预期并与人类价值观相一致。

(3)数据提供者:人类提供用于训练和改进人工智能系统的数据,确保系统能够从真实世界中学习和适应。

与此同时,人工智能的角色则为:

(1)执行者和执行工具:人工智能系统执行各种任务,根据预定义的规则和目标进行操作和决策,以完成特定的任务。

(2)辅助者和增强器：人工智能系统辅助人类完成任务，提供信息、建议和决策支持，从而增强人类的能力和效率。

(3)学习者和优化器：人工智能系统通过分析和学习数据，不断改进和优化自己的性能和表现，以适应不断变化的环境和需求。

人机功能分配

厘清各自的角色和职责后，就要进行人机功能分配。人机功能拓扑分配是指将任务和功能合理地分配给人和机器，以最大程度地发挥各自的优势和能力。下面是一些常见的方法和原则。

(1)任务分析：首先，对要完成的任务进行详细的分析和理解。了解任务的性质、要求和复杂度，以及人类和机器在完成该任务上的优势和限制。

(2)功能评估：对于任务中涉及的不同功能，评估人类和机器在各自领域内的能力和优势。这可能包括感知能力、计算能力、判断决策能力、创造性和创新能力等方面。

(3)任务分配原则：根据任务分析和功能评估的结果，制订任务分配原则。例如，将任务分为对人类更加适合的高级认知任务和对机器更加适合的低级感知和执行任务。

(4)协同合作：人与机器之间的协同合作是人机功能拓扑分配的关键。根据任务的特点，设计合理的协同机制，使人类和机器能够有效地配合和交流，提高整体的工作效率和质量。

(5)迭代优化：随着任务的进行，不断进行迭代优化。根据实际情况和反馈，调整人机功能的分配，以适应实际需求和改进工作流程。

需要注意的是，人机功能拓扑分配是一个动态的过程。随着人工智能技术的发展和人类的进步，功能的分配可能会有所变化。因此，持续的评估和优化是必要的。

具体而言,在人机功能有效分配领域涉及以下几个方面。

(1) 情感与人机

情感涉及人类的情感体验、情绪反应、情感表达和情感调节等方面。情感的本质是由神经和生理机制、个体生命经历、文化和社会背景等多种因素所决定的。情感可以是积极的,如喜悦、兴奋、幸福等,也可以是消极的,如愤怒、恐惧、忧虑、悲伤等。情感可以影响人的选择、决策和行为。情感的表达和理解是人类沟通和交流的基础。

情感也是人类与其环境交互中的重要组成部分,包括情绪、态度、信念等方面。在人机交互中,情感的存在对于用户体验和使用效果有着重要的影响。例如,情感识别和情感生成技术可以帮助计算机更好地理解和回应人类的情感需求,从而提高用户体验。

情感深刻影响人类理性判断,尤其在信息筛选、认知偏见、决策偏好及行为反应上表现明显。它引导个体选择与自身情感倾向一致的信息,忽视其他视角;造成认知上的偏见,影响信息解读;强化或削弱决策偏好,影响个人对风险与回报的评估;驱动非理性行为,忽视健康和生活质量。在人机功能分配中,情感的力量若能被合理运用,将促进明智决策,也有助于提升系统的整体效能与稳定性。

(2) 道德物化与人机

道德物化的本质是将道德概念或价值视为具有实体化、有形化的实际物体或物品,对其赋予实物的属性和价值。这种物化过程可能导致人们将道德价值看作一种可以交易、买卖、占有或控制的商品或资源,在道德决策和行为中更多地考虑利益和权力的因素,而忽略了道德的本质和目的,从而导致不良后果。

人机功能分配旨在将不同的任务和功能分别赋予人和机器,以促进生产和服务的高效性。然而,当人机功能分配不当或不合理时,就可能导致道德物化的问题。如果将人仅看作机器的一部分来完成某项任务,忽视了其作为有感情、有思维、有尊严的人的本质,那么这种分配不仅浪费了人的潜能,更是对人类尊严的侵犯。因此,正确的人机功能分配应该尊重人的价值,以实现技术与道德的双重胜利。

(3) 深度态势感知与人机

人类凭借自身感官与大脑的协同工作,能够高效地处理来自外界的各种信息,形成对周围环境的全面认知与精准决策。而机器,则借助传感器、计算机视觉、语音识别等先进技术,模拟并扩展了人类的感知能力,实现了对外部环境的实时监测与精准响应。

在人机融合的过程中,"态势感知"形成了一个紧密相连的循环体系。从人的初始意图(态)出发,转化为具体的操作动作(势),这些动作随即产生相应的反馈(感),这些感觉信息再被大脑加工处理,转化为对环境的深入理解与认知(知),而这一过程所形成的新认知,又会反过来影响并塑造人的新意图(态),从而形成一个不断迭代、持续优化的闭环。

正是基于这一循环体系,人机功能的有效分配才得以实现。在人机协同工作中,人类可以专注于发挥自身在创新、决策与情感交流等方面的优势,而机器则承担起数据处理、实时监测与精确控制等任务。通过精准匹配人与机器的功能特长,可以最大化地提升整个系统的运行效率与响应速度,共同应对复杂多变的环境挑战。因此,深度态势感知不仅为人机融合提供了坚实的理论基础,也为高效人机功能分配提供了有力的技术支撑。

人机交互的关键在于人机功能分配,而人机功能分配的关键则是动态任务规划(Dynamic Task Planning,以下简称DTP)。这意味着人和机器在合作中需要共同规划任务的执行流程和分工,以实现更高效和协调的工作。

DTP包括任务分配、协同决策、自适应学习以及监控反馈等环节。任务分配需基于人和机器的能力专长、任务的性质、紧急程度,以及人的状态和能力进行动态调整。协同决策要求双方通过交流达成共识，以商讨任务目标、制订任务计划、评估执行策略等。同时，人和机器都应具备自适应和学习能力，能够根据任务需求和执行反馈进行持续优化监控反馈，确保及时发现问题并采取补救措施，推进任务顺利进行。

DTP在动态环境中自动规划和执行任务，根据实时环境信息和任务需求，动态地生成任务计划，并根据执行结果进行调整优化。DTP关注事实与价值的聚合和弥散。事实指环境信息和任务需求中的实际情况和状态，包括传感器数据、用户输入、任务约束等。DTP通过实时监测和收集这些事实，来更新任务计划并做出相应的决策。价值指任务的优先级和重要性。在DTP中，任务的价值通常通过任务的紧急程度、任务的期望收益等指标来衡量，DTP可以根据任务的价值来调整任务的执行顺序和资源分配，以最大化整体价值。通过有效收集和利用实时信息，合理衡量和聚合任务的价值，在动态环境中生成高质量的任务计划，实时地做出决策和调整，人机才能实现高效协作。

7. 人机融合中的主客观处理

人机的主客观混合输入过程

实现客观事实与主观价值的混合输入，需要采用一些特定的技术和方法，如下所示。

（1）自然语言处理技术：帮助机器理解人类语言的含义和语境，识别其中的实体、情感和观点等，并将其转换成结构化的数据形式，实现客观事实和主观价值的混合输入。

（2）机器学习和深度学习技术：通过训练模型来识别和理解人类语言中的含义和情感，从而实现客观事实和主观价值的混合输入。

（3）人机交互界面设计：采用交互式的界面设计，如问答、评分、评论等,让用户输入他们的主观评价和观点,从而实现客观事实和主观价值的混合输入。

(4) 数据可视化技术:将客观事实和主观价值以可视化的方式,如用图表呈现出来,让用户更容易理解和分析数据。

在人机功能分配过程中若处理不好主客观融合输入,极易产生数据来源不可靠、数据处理不当、数据缺乏背景信息、数据过于庞大或数据分析不到位等现象,进而造成"数据丰富,信息贫乏"的不足。

人机的主客观混合处理过程

基于公理的处理指遵循数学逻辑的处理方式。基于非公理的处理更多依赖经验、直觉和非逻辑的方法。为了实现基于公理的处理与基于非公理的处理的融合,需要采用一些特定的技术和方法,如下所示。

(1) 逻辑推理技术:利用公理化语言描述问题,并通过逻辑规则进行推理,从而实现基于公理的处理。

(2) 机器学习和深度学习技术:利用数据驱动的方式进行推理,通过学习数据和模式识别来进行决策,从而实现基于非公理的处理。

(3) 规则库管理:用于管理基于公理处理的规则库。可以对规则库进行维护、更新和扩展,以适应不同的问题和应用场景。

(4) 集成算法:将基于公理的处理和基于非公理的处理融合起来,利用不同的算法进行集成,从而得到更准确的结果,并提高处理的准确性和效率。

人机的主客观混合输出过程

实现人机融合的输出端,需要考虑人类与机器之间的交互和决策融合。基于逻辑的决策通常是基于规则的,例如机器学习模型的预测结果。基于直觉的决策则更多是基于个人经验和感觉的,例如医生根据病人的症状和体征做出的诊断。针对这两种不同的决策方式,可以采用以下方法实现人机融合的输出端。

(1) 将逻辑决策和直觉决策进行分离,分别由机器和人类进行处理和决策,然后将结果进行融合。这种方法需要一个可靠的决策融合算法,以确保最终的输出结果是准确和可信的。

(2) 将逻辑决策和直觉决策进行融合,让人类和机器一起进行决策。这种方法需要一个可以协同工作的系统,以便人类和机器可以共同分析和决策。例如,可以使用机器学习算法来分析数据,然后将结果呈现给人类,让他们做出最终的决策。

(3) 将逻辑决策和直觉决策交替使用,让人类和机器轮流进行决策。这种方法可以提高决策的多样性和灵活性,以适应不同的情况和环境。例如,可以让机器先进行分析和决策,然后将结果呈现给人类,让他们进行进一步的分析和决策。

人机的主客观混合反思/反馈过程

在人机融合智能中,人和机器的反思和反馈可以通过多种方式融合,从而实现更加智能化和高效化的决策和行为。人的反思和机器的反馈可以通过以下几种方式融合。

(1) 数据分析:机器可以通过分析大量数据提供反馈和建议,人可以通过分析这些反馈和建议来反思自己的决策和行为,从而不断优化自己的决策和行为。

(2) 交互式学习:人和机器可以通过交互式学习来相互补充和提高。机器可以通过学习人的反思和决策,提供更准确和有效的反馈和建议;人可以通过学习机器的反馈和建议,不断提升自己的决策和行为能力。

(3) 反馈循环:人和机器可以建立反馈循环,通过不断的反馈和调整，实现最优化的决策和行为。人可以通过反思机器的反馈和建议，做出相应的调整和改进，机器也可以通过分析人的反馈和行为，提供更加精准和有效的反馈和建议。

第五章

智潮涌动

一、人机融合智能面临的多重挑战

1. 法律之困：人工智能的引入与监管

隐私保护与数据安全

随着人工智能技术的快速发展，为了训练高效的模型，大量个人数据被采集并用于算法训练。然而，这些数据往往涵盖用户的敏感信息，如个人浏览记录、地理位置、购买偏好等。这些数据的泄露可能导致用户面临严重的隐私风险，尤其是当黑客利用安全漏洞进行攻击或盗取数据时，大规模的数据存储和处理使得人工智能系统成为黑客攻击的目标。因此，隐私保护和数据安全成为人工智能技术发展中亟待解决的重要问题，需要制定严格的数据保护法律和安全标准，加强数据加密和安全措施，以确保用户的个人信息不被滥用或泄露。

针对隐私保护和数据安全问题，可以考虑以下解决措施。

（1）强化法律法规和隐私保护政策：政府和相关机构应制定严格的法律法规和隐私保护政策，确保人工智能系统合法、透明和负责任的使用。这些政策应涵盖数据收集、使用、共享和存储的规定，以确保个人隐私得到充分保护。

（2）数据加密和匿名化：对采集的个人数据进行加密处理，以确保数据在传输和存储过程中的安全。同时，采用匿名化技术处理数据，降低个人身份被识别的风险。

（3）访问控制和权限管理：严格控制数据访问权限，确保只有经过授权的人员能够访问和处理个人数据，并限制他们的权限范围。强化身份验证，采用双因素认证或多因素认证等强化身份验证方式，确保只有授权人员能够访问敏感数据。

（4）安全漏洞修补和更新：定期审查和更新系统和软件，修补可能存在的安全漏洞，以防止黑客攻击和数据泄露。建立数据监测和审计机制，及时发现和应对数据安全问题，确保个人数据不被滥用或泄露。

社会偏见与虚假信息

不同的社会、文化背景和宗教信仰有着不同的道德标准和底线，这给人工智能的引入与监管带来了挑战。如何保证人工智能的应用在社会发展进程中不危及人们的道德、公义与人权？有三个社会规范方面需要特别关注。

（1）人工智能可从大量数据中学到意想不到的行为，甚至是偏见。AI的学习行为主要是通过机器学习算法来实现的。机器学习算法可以从大量数据中提取出规律和模式，然后根据这些规律和模式来预测、分类、聚类等。在这个过程中，如果数据集足够大并且具有代表性，那么AI就可以从中学习到新的、以前没有预料到的行为或模式。这种能力被称为"数据驱动的创新"，它可以让AI在处理数据时自主发现新的知识和洞见，并且可以应用到更广泛的领域中。但繁杂的网络数据也可能会导致算法中存在倾向和数据偏见。这些偏见可能源自训练数据中的偏差、算法设计的不完善以及人类的偏见。当训练数据中存在特定群体的偏向性或不平衡性时，机器学习算法可能会学习到这些偏见，并在决策过程中体现出来，导致不公平和歧视行为的产生。

（2）人工智能生成技术的突破可能会使世界充斥着虚假的照片、

视频和文字,普通人将"无法再辨别真伪"。虚假信息可能会被用来操纵选民的思想和行为,从而影响政治选举的结果;虚假信息可能会让消费者做出错误的决策,从而影响企业和市场的运作;虚假信息可能会被用于诈骗,从而导致个人隐私泄露和财产损失。因此,我们需要采取措施来防止虚假信息的传播,比如开发更加高效辨别虚假信息的技术,建立更加严格的信息监管机制等。

(3)许多技术大厂面对竞争,加入一场无法停止的技术争斗之中。技术竞争既有积极的推动作用,也可能产生一些负面的影响。为了保持竞争优势,技术公司需要持续地投资于研发和创新,不断推出新产品和服务。这将导致公司不断增加投资,增加财务风险。某些技术公司可能会过度关注竞争对手的动向,而忽视了自身的技术优势和发展方向,造成技术上的附庸风雅。竞争激烈的技术市场可能会导致技术标准的分裂,从而导致产品之间的兼容性问题。某些技术公司为了赢得竞争,可能会忽视用户体验,不断推出不成熟的产品和服务,从而导致用户体验下降。

保障人工智能应用不危及道德、公义和人权的关键,在于建立合适的法律法规、道德准则和监管机制,同时加强技术研发和应用过程中的监督和审核。政府应制定相关法律法规,明确人工智能技术的合法使用范围和限制条件,保障公民的基本权益。这些法规应包括隐私保护、数据安全、歧视禁止等方面的规定。人工智能从业者和相关机构应确保人工智能的研发和应用符合道德标准,包括尊重人权、避免歧视、透明度和负责任的使用等方面;鼓励公众参与人工智能技术的决策和应用过程,提高社会对人工智能的认知和了解,增强公众对人工智能技术的监督和反馈能力;推动国际社会加强合作,共同应对人工智能技术可能带来的道德和伦理挑战;建立国际标准和机制,促进人工智能技术的全球治理和规范化发展。

如何认定智能产品主体地位

随着智能机器人的拟人化、智能化程度的不断提高,一个不可避免的问题摆在法律面前——应当如何认定智能产品的主体地位,智能机器人是否能够纳入法律主体?认定智能产品的主体地位是一个复杂而具有挑战性的问题。关于这一问题的不同学说,大致分为肯定派和否定派。

肯定派的"代理人说"认为,人工智能与人之间属于代理与被代理关系,认可人工智能具有一定的代理行为能力,能够代表受托人订立合同。根据代理制度规定,只有具有民事主体资格且具备一定行为能力的实体才能担任代理人。这一观点在一定程度上承认了人工智能的法律主体地位。作为代理人,人工智能需对其被代理人(即用户)负责,能够自主决策并订立合同,其行为应当符合人类的认知标准。尽管可以认定人工智能代理人身份,但是代理人通常只能代理财产性行为,绝不能等同于自然人人格。

否定派的"工具说"认为,人工智能体一般被视作人类的工具,并未满足成为法律主体的标准。吴汉东教授指出,人工智能缺乏自然人的生理结构和自由意志,无法自主做出选择,而是受所有权人操控行为。尽管人工智能的自主能力不断增强,但它仍无法摆脱缺乏人类心灵意识的事实。人工智能的行为由特定领域的算法程序输入而成,不可与人类行为或作为自然人集体的法人行为等同看待。

虽然目前人工智能体仍被视为"工具"或"产品",并不具备等同于人的法律主体地位。然而,随着技术的进步和智能产品在日常生活和商业活动中的广泛应用,一些国家和地区开始探讨将智能机器人纳入法律主体的可能性。

在法律上认定智能机器人是否能够成为法律主体,需要考虑以下几个方面:

（1）自主能力：智能机器人是否具有自主决策和行动能力，能够独立思考和行动，还是完全受控于人类操作和指令。

（2）责任问题：智能机器人是否能够承担责任和义务，包括违约责任、侵权责任等，以及如何界定其责任范围和界限。

自动驾驶汽车事故责任分配就是一个典型的例子。自动驾驶汽车使用数学模型来感知周围环境、做出决策和控制车辆行驶。然而，由于自动驾驶汽车的决策是由数学模型生成的，对于事故责任的界定可能产生争议。例如，当与其他交通参与者发生碰撞时，谁应该负责？是车辆的制造商，还是乘客或其他驾驶员？这涉及法律、伦理和责任的重要问题。在这种情况下，数学模型构建的人机融合智能系统的不确定性和局限性可能导致事故责任的困难判断。对于法律和保险机构来说，识别责任和赔偿机制可能变得复杂，并且需要制定新的法规和政策来适应这种技术发展。从中不难看出，数学在人机融合智能中虽然有很多优点，但也存在一些局限，不足以解决所有问题，需要结合人类的智慧和判断力来共同完成复杂的任务。

（3）法律保护：智能机器人是否应当享有法律保护，包括著作权保护、知识产权保护、隐私保护等，以及如何保护其权益和利益。

（4）社会影响：智能机器人的法律地位对社会秩序、人类价值观和道德标准是否会产生重大影响，以及如何在法律框架内平衡科技发展和社会伦理的关系。

综上所述，确定智能机器人的法律地位需要综合考虑技术、伦理、社会和法律等多个方面的因素，并在国际社会和各个国家之间进行广泛的讨论和协商，以便制定出相应的法律政策和规定。

人工智能生成内容的侵权问题

随着AIGC技术的普及和升级，通过大量数据训练得到的AIGC内容,已进入商业化应用服务阶段,由此涉及著作权法的两个问题:一是训练阶段未经许可使用他人作品是否构成侵权,二是生成内容是否侵犯他人著作权。

(1)训练阶段侵权问题:在海量数据训练后,如果人工智能未经授权使用他人作品,那么就会构成典型的著作权侵权行为。尽管人工智能的数据训练是商业活动的一部分,但其未投入商业化运营,因此是否构成著作权侵权尚存争议。

(2)生成内容侵权问题:当人工智能完成训练且能够输出预期生成物时,若生成内容与他人作品在表达上相同或内容上相似,可能构成著作权侵权。如果生成物复制或来源于他人作品,研发设计者和服务提供者可被视为侵权人。用户的使用行为是否构成侵权也需要在司法政策上进一步探讨。

2. 道德之惑:伦理困境与智能向善

从某种程度上说,理性对道德的作用是很重要的。理性能够帮助我们思考和评估道德问题,并提供合理的解决方案。它能使我们运用逻辑和推理能力来分析情况,权衡利益和后果,并做出更明智的决策。

理性有助于我们超越个人感受或冲动,以客观的方式思考道德问题。通过合理的论证和辩证思维,我们可以理解不同立场和观点之间的差异,进而形成更加全面和包容的道德判断。同时,理性还能够帮助我们应对复杂的道德困境,避免轻率或片面的行为。

需要指出的是,理性并不是决定道德的唯一因素。道德问题涉及价值观、情感、社会背景、文化传统等多种因素。这些因素可能与个体的感受、信仰和直觉相互交织,共同塑造每个人对道德问题的看法。

此外,理性并非总能解决所有的道德困惑。在某些情况下,价值冲突、信息不完整、利害关系错综复杂等因素可能使道德决策变得困难。在这些情况下,需要综合运用理性、感性和伦理判断,以及与他人的对话和讨论,来寻求更全面和合理的解决方案。

人类历史上有很多著名的道德观,这些道德观代表了不同时期和文化背景下的伦理思考和价值观。它们对个体和社会的道德行为有着重要的指导意义,同时也是道德哲学研究的重要内容。亚里士多德认为人类的最高目标是实现幸福和美德,通过发展良好品质和追求道德美德来达到这一目标;孔子强调修身齐家治国平天下,提倡仁爱、诚信、中庸等美德,并认为个人的道德修养对社会和国家的发展至关重要;康德主张道德行为应该根据普遍适用的道德准则而非个人感受或外在利益来决定,强调道德的普遍性和无条件性;尼采对传统道德观念进行批判,强调个体自我超越和真实价值的追求,提倡超验的"超人"道德;弗洛姆强调爱和彼此关怀是基本的道德原则,认为社会的健康和人类幸福需要建立在相互尊重、公正和合作的基础上。

对于道德问题,科学确实有其局限性,无法完全决定什么是道德上的对与错。道德属于伦理哲学范畴,涉及人类价值观、道德原则和伦理规范等主观认知和评价。科学是一种基于观察、实验证据和推理的系统方法,旨在研究自然现象和解释客观事实。科学所关注的是描述和解释事物的"是什么"和"如何",而不是规定应该发生什么或者怎样行动才是正确的。科学可以提供关于行为后果的信息,但无法判断这些行为本身是否符合道德标准。道德问题涉及人的主体性、义务、责任以及对他人的情感和关注。它们涉及个人和社会的价值观、文化传统和伦理原则等因素。不同人可能基于各自的背景、经验和信仰来形成不同的道德判断。

科学可以通过提供相关数据和研究结果来辅助道德决策,例如提供科学事实作为决策依据,或者研究道德问题的影响和后果。然而,道德决策还需要综合考虑伦理原则、道德经验、情感和推理等因素,这超出了科学范畴。在道德问题上,科学在提供信息方面可能有帮助,但最终的道德判断仍然需要个体和社会以及伦理学等领域的参与和反思。

有一句很有意思的话:常常只有小孩分对错,成年人眼里往往只有利弊。对于孩子来说,他们的认知和思维发展还不够成熟,往往会以简单的对错标准来评价事物,而且他们的行动往往直接受到情感和直觉的驱动。这种方式可能会导致一些冲动和片面的决策,没有充分考虑到利益和后果。相比之下,成年人由于经历和知识的积累,会更加深入和全面地审视问题。他们通常会考虑各种因素,包括道德、伦理、社会责任以及长远的利益和后果(这种方式更趋向于理性和成熟,能够提供更合理和全面的决策依据),但这并不意味着成年人总是只关注利益,而忽视对与错的判断。在实际生活中,许多成年人仍然会根据道德原则和价值观来评价行为的对与错(当然,一些成年人也可能在特定情况下做出只考虑利益的决策)。无论如何,我们都应该理解和认识到人们在不同阶段或不同背景下对问题的看法和处理方式可能存在差异,无论是孩子还是成年人,都有能力思考和衡量对错、利益和后果。根据具体情况,适当平衡这两种维度会帮助我们做出更明智和负责任的决策。

哲学家休谟认为:"一切科学都与人性有关,对人性的研究应是一切科学的基础。"无论科学看似与人性相隔多远,它们最终都会以某种途径再次回归到人性之中。从这个角度来看,人工智能"合乎伦理的设计"很可能是黄粱一梦,原因很简单,伦理对人而言还是一个很难遵守的复杂体系。简单的伦理规则往往是最难以实现的,比如应该帮助处在困难中的人,这就是一条很难(遵守者极容易上当被骗)操作的伦理准则。对于AI这个工具而言,想要做到合乎伦理设计似乎是科幻成分多于科学成分、想象成分多于真实成分。

科技本身没有对错善恶之分,能利人利己,也能害人害己;而设计、开发、使用、管理、维护、运行的人会有对错善恶混合之分,科技向善本质是指"人"的向善。故在监管上需要坚持伦理先行的理念,建立并完善人工智能伦理问责机制,明确人工智能主体的责任和权利边界;在研发上需要确保先进科技手段始终处于可靠的人类控制之下,预防数据算法偏见产生,使研发流程可控、可监督、可信赖;在使用上需要确保个人隐私和数据安全,预先设立应急机制和兜底措施,对使用人员进行必要培训等。

党的二十大指出,中国积极参与全球治理体系改革和建设,践行共商共建共享的全球治理观,坚持真正的多边主义,推进国际关系民主化,推动全球治理朝着更加公正合理的方向发展。作为人工智能领域的先驱者之一,中国正在用实际行动为人工智能全球治理体系注入东方智慧,展现了大国形象和担当。2021年9月,中国国家新一代人工智能治理专业委员会发布了《新一代人工智能伦理规范》,强调应将伦理融入人工智能全生命周期,并针对人工智能管理、研发、供应、使用等活动提出了六项基本伦理要求和四方面特定伦理规范。2022年3月,中国发布《关于加强科技伦理治理的意见》,提出应加快完善科技伦理体系,提升科技伦理治理能力,有效防控科技伦理风险,不断推动科技向善、造福人类,实现高水平科技自立自强。2022年,中国向联合国提交《中国关于加强人工智能伦理治理的立场文件》,从构建人类命运共同体的高度,系统梳理了近年来中国在人工智能伦理治理方面的政策实践,积极倡导"以人为本""智能向善"理念,为各国破解人工智能发展难题提供了具体解决思路,值得国际社会高度重视与深入研究。

3. 就业之变:未来职场的重塑与机遇

人工智能的广泛应用将深刻影响各行各业的工作岗位,面对这一技术变革，我们必须认真审视。人工智能对就业市场的影响究竟是机遇还是挑战，未来该如何应对？

挑战一在于工作岗位的减少。随着人工智能技术的发展和应用，许多传统岗位可能会面临自动化和智能化的替代，从而导致部分劳动力市场的不稳定和调整。例如，在制造业中，许多简单而重复的任务，如装配线上的零件安装，可能会被自动化机器人取代。在客服行业，智能虚拟助手可以处理常见问题，减少人工客服的需求。在金融领域，自动化算法可以执行交易，替代传统的交易员。此外，随着AIGC技术的发展，包括设计、广告、翻译甚至写作等行业都受到了不同程度的影响。IBM首席执行官克里希纳（Arvind Krishna）表示，未来几年中，对于可能被人工智能取代的职位（例如人力资源等支持部门），IBM将暂停招聘。

在设计行业，AIGC技术可以自动生成图像、插画和艺术作品，使得作品生成过程更加快速和高效。通过训练大量的图像数据和艺术风格，人工智能可以生成各种风格的艺术作品，实现风格的轻松转变，从简单的图标到复杂的插画，甚至是艺术绘画。

在广告行业，AIGC技术可以用于自动生成广告素材、广告文案甚至广告视频。通过分析用户数据和行为，人工智能可以生成个性化的广告内容，提高广告的精准度和效果。这种技术的出现使得广告创意的生成更加高效和智能化，节省了人力和时间成本。

在翻译行业，AIGC技术可以通过大量的语料库和机器学习算法自动生成翻译内容，并且在翻译质量和速度上有一定的优势。尤其是对于大规模的翻译任务，人工智能可以提高翻译效率，降低成本，并且实现多语言的自动转换。

在写作行业，AIGC技术可以生成新闻报道、文章、小说甚至诗歌等各种文本内容。通过分析大量的文本数据和语言模型，人工智能可以模仿人类的写作风格和表达方式，生成具有一定质量的文本内容。这种技术的出现使得文本内容的生成更加高效和便捷,尤其在一些大量内容生成的场景下,如新闻媒体、内容平台等。

挑战二在于技能要求的变化。AI技术的广泛应用正在改变人才市场的技能要求。随着传统的重复性、机械性工作逐渐被自动化和机器人取代,市场对创造性、创新性和高级技能人才的需求日益增加。这意味着劳动者需要具备更加多样化和复杂化的技能,以适应新的工作环境和职业要求。使用AI提高工作效率和质量,正在成为一些劳动岗位的必要技能。

挑战三在于就业结构的改变。AI技术的快速发展导致了就业结构的深刻变革。新兴行业如大数据、云计算等迅速崛起,为就业市场提供了新的增长点。这些行业对于具备相关技能和专业知识的人才需求大幅增加,吸引了大量年轻人和技术人才投身其中。同时,随着数字化、智能化的浪潮不断深入,传统行业如制造业、服务业等也面临着转型升级的压力。一些传统行业的岗位因自动化和智能化技术的应用而面临减少或淘汰的风险,部分劳动者面临着失业和转岗的压力。同时,新兴行业对于人才的要求也更加严苛,需要具备较高的学历、专业技能和创新能力,这给部分劳动者带来了就业压力。

机遇一在于新兴产业开始崛起。随着AI技术的发展,新兴产业如智能制造、智慧城市、无人驾驶等迅速崛起。这些新兴产业为就业市场提供了大量新岗位,人工智能、机器学习、数据科学等领域的就业需求持续增长。这些行业需要掌握先进技术和研发能力的人才,为研究机构、科技企业和互联网公司提供了丰富的就业机会。另一方面,随着智能化技术在传统行业的应用不断深化,智能制造、智慧物流等领域对于懂得数字化、智能化操作的工人和技术人员的需求也在增加,同时也催生出了AIGC设计师、AIGC原画师等升级岗位。

机遇二在于劳动生产率有所提高。AI技术的广泛应用可以显著提高生产力，降低生产成本，这使得企业能够更有效地利用资源，提高生产效率。例如，自动化生产线和智能机器人的应用可以加快生产速度并降低错误率，从而提高产品的质量和数量。这种生产效率的提升有助于企业在市场竞争中取得优势，进而增加销售额和利润。随着企业规模的扩大和发展，它们通常会增加对劳动力的需求，创造更多的就业岗位。因此，AI技术的发展有望促进更多的就业机会，并为经济增长提供动力。

机遇三在于跨界融合与创新。AI技术的快速发展推动了不同领域之间的跨界融合与创新。这种跨界合作和创新将为就业市场带来更多的可能性，创造出新的工作岗位和商业模式。

在医疗领域，AI技术可以应用于医学影像诊断、药物研发、个性化医疗等方面，为患者提供更精准、更有效的医疗服务。这就需要医生、工程师和数据科学家等不同领域的专业人才共同合作，开发出具有创新性的医疗解决方案。

在教育领域，AI技术可以用于个性化定制教学内容、智能辅助教学、在线学习平台等，为学生提供更高效、更便捷的学习体验。这就需要教育专家、软件工程师和数据分析师等跨领域团队的合作，共同打造智能化的教育模式和工具。

在金融领域，AI技术可以应用于风险评估、信用评级、智能投资等方面，为投资者和企业提供更准确、更可靠的金融服务。这就需要金融专家、数据科学家和软件工程师等多方共同协作，开发出创新性的金融科技产品和服务。

AI浪潮势不可挡，对就业市场的影响已成趋势，我们应该如何迎接挑战、把握机遇呢？

其一，要建立人工智能相关技能的培训体系。除了传统的分析思维、创造力和领导力外，数字素养、编程能力和数据分析等技术性技能将变得更加重要。因此,教育体系和培训机构需要调整课程,强化对学生 AI 素养和能力的培养与提升,以满足新时代对技能的需求。

其二,要终身学习,不断更新知识和技能。人工智能技术在不断地更新和进步,因此,我们需要不断学习和掌握相关的知识和技能,以跟上时代的步伐。

其三,要重视人机合作这一未来职场的新模式。这种合作模式不仅有助于提高工作效率,还为人类提供了更多从事创造性和战略性工作的机会。

4. 模型之限:大语言模型的特征与限制

大语言模型的强项通常是通过学习大规模的训练数据来生成连贯和合理的回答。它们可以使用上下文信息、语法规则和统计特征来生成回答,从而在某些任务中表现出色。

在现实世界中,许多问题和场景并没有明确的答案或规则。对于复杂的决策和判断,光靠表面的模式匹配和统计规律是远远不够的。真实世界涉及各种领域知识、常识推理、价值观判断等因素,这些都是目前大语言模型相对薄弱的方面。目前的证据表明大语言模型可以在不真正理解自己在说什么的情况下,非常流利地使用语言。

这些模型是通过大规模的训练数据和模式匹配学习到的,它们能够预测下一个字、下一个词或下一个句子的概率,从而产生连贯的回答。这种"表面上的流利"有时被称为"伪流利性"(pseudo-fluency)。尽管大语言模型可以生成看似合理且流畅的回答,但它们缺乏对语句真正含义和背后逻辑的深刻理解。在特定任务和领域的限定范围内,大语言模型可能会给出令人满意的答案。但当涉及复杂问题、推理和判断时,这种流利性常常就会变得不可靠了,模型可能会生成不准确的

"幻觉"回答,甚至出现明显的错误。

尽管大语言模型可以生成非常逼真和连贯的回答,但在某些方面它们可能仍然表现出一些特征,使得它们与真实人类对话有所区别。以下是一些可能用于分辨聊天机器人的细节。

(1) 缺乏个性:聊天机器人通常缺乏个性和情感表达。虽然它们可能能够提供合理的回答,但在某些情况下会缺乏人类的情感共鸣和体验。

(2) 重复和模板化回答:由于训练数据的限制,聊天机器人有时可能会在回答中使用相似的短语或句子模板。这可能导致在多个对话中出现重复的回答,缺乏个性化和多样性。

(3) 超常知识和信息:尽管大语言模型有着广泛的知识覆盖,但它们也会偶尔提供超出常识范围的回答。这可能是因为它们在训练过程中学到了一些不准确或不常见的信息。

(4) 不连贯和错误:尽管大语言模型通常可以生成连贯的回答,但在某些情况下,它们可能会产生不连贯或错误的回答。这可能是因为模型在理解上下文或处理复杂问题时存在困难。

(5) 反应时间和回答长度:聊天机器人的回答通常是实时生成的,因此在回答的速度上可能会有一定区别。此外,机器人可能倾向于生成较长的回答,而真实人类对话可能更加简洁。

需要注意的是,这些特征并非绝对,大语言模型的不断进步和改进会逐渐缩小与人类对话的差距。

若将大语言模型应用于医学、法律等现实场景时,了解其能力边界是至关重要的。以下是需要注意的几个方面。

(1) 受训数据的限制:大语言模型是通过大规模的文本数据进行训练的。如果在特定领域(如医学或法律)的专业知识和术语方面的训练数据较少,模型在该领域可能会表现不佳。因此,要意识到模型的知识和理解是基于其所接触到的数据。

（2）模型的权威性：大语言模型可以提供答案和建议，但并不意味着它总是正确和可靠的。在涉及重要决策的领域，如医疗诊断或法律建议，仍需仔细评估模型的输出，并参考领域专家的意见和判断。

（3）对上下文的敏感性：大语言模型的输出通常是基于输入的上下文。如果输入的上下文不完整或有歧义，模型可能会给出不准确或混淆的答案。因此，在与模型进行交互时，要提供清晰、具体和明确的问题或指令。而人类之所以能够在上下文不完整或有歧义的情况下得出有效答案或结论，是因为我们拥有丰富的自然或社会性常识和经验、上下文理解能力以及推理能力。

（4）法律和伦理问题：在使用大语言模型时，需要遵守适用的法律法规和伦理准则。不得要求模型提供关于敏感个人信息、违法行为、欺诈行为等方面的帮助或提示。

此外，我们还应意识到，虽然大语言模型可以在某些基准测试中获得高分，但这并不意味着它们具备在现实世界中做出正确判断的能力。

在多数情况下，AI系统并不是在以人类熟悉的方式做推理。由于AI只能从语言中学习经验，缺少与现实世界连接的通道，它们无法像人那样体验语言跟物体、属性和情感之间的联系。大语言模型有时也可能受到训练数据的偏见影响，无法进行正确的判断和决策。因此，将在基准测试中取得高分的能力转化到现实世界中需要更多的考量和努力。研究者和开发者们正在努力解决这些挑战，包括改进模型的训练策略、增加对常识推理和价值判断的考虑，以及设计更全面的评估指标。

OpenAI公司研究员赖德（Nick Ryder）也认同这一判断，表示AI在单一测试中的性能表现并不足以像人类受试者那样证明其普遍能力。"我觉得大家不该把人类得分跟大语言模型的得分做直接比较"，OpenAI公布的得分"并不是在描述大语言模型具备类人能力或者类人推理水平,而单纯是在展示这些模型执行这些任务时的表现"。

在利用大语言模型时,我们应该清楚地认识到它们的局限性,并结合人类的专业知识和判断进行综合决策。只有在人类的监督和指导下,大语言模型才能更好地应用于现实世界的复杂问题和决策中。

二、人机融合智能的应用与发展

1. 智能家居：智慧生活的崭新篇章

智能家居是人机融合智能、物联网发展的产物。它综合运用了布线技术、网络通信技术、安全防范技术、音视频技术和自动控制等技术，通过传感器、摄像头和智能控制系统集成到家居环境中，构建出一个集中管理、智能控制的住宅设施管理系统。简而言之，智能家居并非单一产品，而是通过技术手段将家中各种产品连接成一个有机的系统，使居住者可以随时随地对该系统进行控制，从而提高家庭的舒适性、便利性和安全性。

智能家居行业市场需求巨大，受到广泛期待。根据移动互联网商业智能服务商QuestMobile发布的"2023智能家居洞察"数据显示，截至2023年2月，智能家居App月活用户规模为2.65亿。同时，整个智能家居的产业链更为完整，从上游的软硬件厂商，中游的互联网、家电、终端以及通信厂商，到下游的后装、前装服务商，总体构成爆发潜质。随着ChatGPT、GPT-4.0等大型语言模型的问世，智能家居行业迎来了新的发展机遇。这些先进技术的应用不仅提升了智能家居产品的功能和性能，还为行业发展注入了新的活力。

智能家居定义

根据《中国智能家居互联互通白皮书（2023年）》的定义，智能家居（smart home, home automation）"是以住宅为载体，利用新一代通信信息技术，实现系统平台、家居产品的互联互通，满足用户信息获取和使用的智能化生活服务系统"，其功能涵盖集中管理、远程控制、场景互联互通和自主学习迭代等，旨在为用户提供更加舒适、安全和便捷的家居体验。

智能家居的发展阶段可以大致划分为三个阶段：独立智能阶段、互联智能阶段和全面智能阶段。

独立智能阶段的主要特征是每个智能家居设备都是独立的，没有互相连接。通过传感装置接收信号并发出相应指令，利用产品的智能特性完成需求响应，提升用户操作的便捷性。该阶段的痛点在于：1）设备单点连接，产品间缺乏数据与应用上的连通，控制入口分散；2）产品种类单一，无法适配多样场景需求；3）智能程度较低，用户整体体验感不及预期。

随着物联网技术的发展，智能家居进入了互联智能阶段。在这一阶段，智能家居设备之间通过云平台联动设备感知层与场景应用层，搭建数据共享桥梁；引入语义识别等多模态交互技术，设计智能家居入口产品形态，融合产品与场景需求，拓展延伸智能家居产品的应用边界。例如，智能安防、智能门锁和智能照明等设备具备了远程控制和管理的功能，用户可通过智能手机、平板电脑等终端轻松操作。同时，华为、小米、海尔智家等智能家居平台，可以将不同类型的智能家居设备连接在一起，为用户提供更为智能化、便捷的家居体验。

该阶段的演进难点在于：1）互联互通存在局限性，业内生态各自发展，从自身生态互通到跨品牌的产品互联仍长路漫漫；2）产品场景适配不足,在非标准化的家居场景中,产品的个性化服务有待提升。

目前,智能家居正在向全面智能阶段迈进。借助机器视觉、深度学习、语义识别等技术,优化涵盖如视觉、感知、导航、决策等功能的AI算法;叠加专用芯片等高性能软件设备,进一步发挥云平台连接管理、大数据分析的优势;以平台接入的海量数据为支撑,准确理解用户行为,精准、主动提供智能化服务。例如,智能家居系统根据用户的生活习惯和偏好进行智能推荐和调整,从而实现更为个性化的家居体验。同时,借助大数据技术,智能家居系统还能够全面监测和分析用户家庭的能源使用情况,为用户提供更为高效和节能的生活方式建议。

该阶段的发展重点在于:1)拓宽感知范围,依托设备的物联互通,端-云协同,利用云平台、云计算的优势特点,延伸数据采集范围,扩大支撑分析的样本容量;2)洞察用户需求,以人为中心,通过用户调研和大数据分析等方法,为用户画像精准建模;3)优化AI算法,优化产品性能,如识别范围、检测精度、自主导航等,灵活适配场景个性化需求,提升用户的产品体验度。

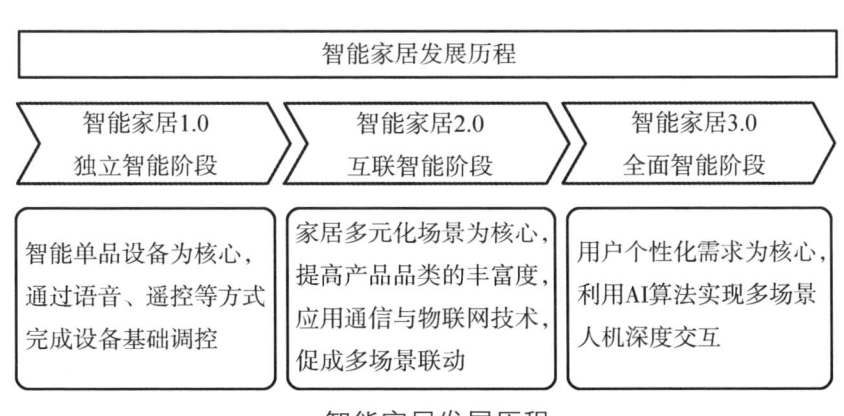

智能家居发展历程

智能家居的分类与场景应用

智能家居的多样化特性使其能够根据不同的维度进行分类,以满足不同家庭的生活需求。

(1) 按功能分类

安防类：智能门锁、高清智能摄像头以及智能报警器等设备，共同构筑起家庭安全的坚实防线。

舒适类：智能空调、智能加湿器以及智能电热毯等，致力于提升家居环境的舒适度，让居住者尽享惬意时光。

照明类：智能灯具、智能窗帘以及智能光线传感器等设备，不仅可以根据居住者的需求调节家居照明，还能营造温馨或专业的氛围。

娱乐类：智能音响、智能电视以及智能投影仪等设备，为家庭提供丰富的娱乐选择，让家庭成员在闲暇之余享受视听盛宴。

(2) 按应用场景分类

客厅：作为家庭活动的中心，客厅的智能家居设备涵盖了娱乐系统、照明控制系统以及环境监测系统等，为家庭成员提供舒适的休闲空间。

卧室：卧室的智能家居设备包括智能床垫、智能闹钟以及智能空调等，为居住者提供宁静的睡眠环境和个性化的起床体验。

厨房：厨房的智能家居设备如智能厨具、智能烟雾报警器以及智能净水器等，不仅提高了烹饪的便捷性，还确保了饮食的安全与健康。

浴室：浴室的智能家居设备包括智能浴霸、智能浴缸以及智能镜子等，为居住者带来舒适的洗浴体验，同时能提升浴室的智能化水平。

(3) 按控制方式分类

手机App控制：通过智能手机上的App，居住者可以随时随地远程控制家中的智能家居设备，实现便捷的管理和操作。

语音控制：借助智能音箱或语音助手，居住者只需发出语音指令，即可轻松控制家中的智能家居设备，实现智能化的生活体验。

传感器自动控制：智能家居设备通过内置的传感器感知环境的变化，如温度、湿度、光线等，并自动进行相应的调整和控制，确保家居环境的舒适和安全。

智能家居的分类方式多种多样,每种分类都体现了其独特的价值和便利性。而智能客厅作为智能家居控制的核心区域,通过智能音箱、智能遥控器或手机App等设备,实现对家庭中各种智能设备的控制。下面我们以此为例,详细介绍智能化人机融合在实际生活中的应用。

在智能客厅中,照明系统以智能灯具或智能灯泡为核心,用户通过手机App或语音助手控制照明的亮度、颜色和模式。该系统还可以根据用户的习惯和光线感应自动调节照明,营造不同的氛围和场景。例如,一键启动"回家模式",步入家门,从玄关到客厅,温馨灯光次第渐亮,环境智控系统预判环境温度、湿度、空气质量,自动调配至适宜状态;开启"深夜模式",廊道夜灯随步行轨迹亮起,不用频繁开关灯;打开"唤醒模式",智能获取季节、时间、当前室内光线等多个条件后,借助先进的照明算法分析,营造符合自然节律的健康唤醒环境。这样多样化的照明方案,不仅提升了居住体验,也丰富了生活的色彩。

智能音箱、智能电视等设备构成了智能客厅中的娱乐系统,用户可以通过智能手机或遥控器选择播放音乐、电影、电视节目等内容。部分智能客厅系统还支持语音控制,用户只需说一些简单口令,即可迅速操控娱乐设备,享受无缝连接的娱乐体验。

智能摄像头、智能门窗传感器等组成了智能客厅中的集成智能安防设备,实现全方位家庭安全监控。用户通过手机App远程查看客厅情况,及时掌握家庭安全状态。一旦室内燃气浓度异常,报警器立即发出高音警报,智慧生活App同时推送紧急提醒,燃气阀门自动关闭,窗户自动打开通风,确保家庭安全无虞。

在智能客厅中,用户还可以根据不同的生活场景,预设各种智能化的场景,如观影场景、晚餐场景、派对场景、会客场景、节能场景等。通过一键操作或语音指令,可以快速切换不同场景,实现智能客厅系统的智能化控制。在观影模式下，可通过智能电视、智能沙发、智能灯等设备互联来塑造完美的视觉和听觉享受，智慧屏与音箱结合，构成左右声道环绕立体声，室内灯光渐暗，营造出影院效果。

总的来说，智能客厅通过集成各种智能设备和系统，实现了家庭娱乐、照明、安防监控等功能的智能化管理和控制，为用户提供了更加便捷、舒适和智能化的居家体验。

智能家居相关技术

智能家居的落地应用涉及多种技术，以下对一些常见的智能家居相关技术进行介绍。

物联网技术是指通过信息传感设备，按约定的协议，将物与网络相连接，进行信息交换和通信，实现物与物、物与人的连接，从而完成对物的智能化感知、识别和管理。物联网技术是连接智能家居设备和系统的基础，通过各种传感器和无线通信技术实现设备之间的互联互通，实现数据的采集、传输和共享。智能家居通信网络可以分为有线和无线两种。有线网络的代表有USB、串口、以太网、PLC等，无线通信技术包括Wi-Fi、蓝牙、Zigbee、Z-Wave等，用于实现智能设备之间的通信和互联，以及与用户终端（如智能手机、平板电脑）之间的连接。

传感器技术用于感知环境变化和用户行为，例如温湿度传感器、光线传感器、运动传感器等，可以实时监测家庭环境，为智能家居系统提供数据支持。

云计算是一种基于互联网的随时随地按需使用网络、服务器、存储、应用软件、服务等共享资源的技术。云计算技术用于存储和处理智能家居系统产生的大量数据，提供数据存储、计算和分析等服务，支持智能家居系统的远程控制和智能化功能。

人工智能技术，涵盖了机器学习、深度学习等领域，为智能家居系统的智能化管理和控制提供了强大的支持。这些技术能够实现智能推荐、智能识别、智能决策等功能。就具体应用而言,主要体现在语音识别、图像识别等方面。语音识别允许用户通过语音指令控制智能家居设备,例如智能音箱中的语音助手(如 Amazon Alexa、Google Assistant)可以接收用户的语音指令并执行相应操作。图像识别赋予了智能家居系统视觉识别能力,例如智能摄像头可以识别人脸、车牌等信息,用于安防监控或智能识别。人工智能与物联网相互融合的 AIoT,是目前智能家居最重要的技术发展方向之一,不仅能够实现智能家居设备和场景间的互联互通,还可实现机-机、人-机、人-机-环之间的连接和数据的互通,以及通过人工智能技术对物联网赋能进而实现万物之间的相互融合。

信息安全技术包括数据加密、身份认证、安全协议等,用于保护智能家居系统和用户数据的安全性,防止数据泄露和恶意攻击。智能设备信息网络的开放性及形式多样性导致系统极易受到黑客及恶意软件入侵,严重威胁用户的安全。因此,必须设置具有针对性的信息安全防护系统,为用户提供严密的保护机制,使得智能家居网络中的服务系统及数据免受攻击。

智能家居的未来

智能家居行业一直在不断演进,从最初的智能硬件到如今的全屋智能,都是遵循着"中心化"的发展过程。无论智能家居的"智能中枢"转移到哪个家电上,智能化始终是其核心目标。从最初的手机交互到后来的语音交互,再到如今的开关+语音+体感+场景混合智能交互,智能家居一直利用科技的力量简化生活烦琐,丰富居家体验。

未来,智能家居的发展有望超越目前的中心化趋势,向更为分布式和个性化的方向发展。随着人工智能、人机融合和物联网技术的不断进步,家庭设备将不仅能够互联互通,提高多模态感知能力,还将具备自主学习和调整适应功能,提升设备的智能化水平,以满足居住者的个性化需求和习惯。

2. 智能医疗:健康守护的智能革命

智能医疗是指利用先进的信息技术、人工智能技术以及物联网技术等,对医疗系统和医疗流程进行智能化改造和优化,提高医疗服务的效率、质量和普及程度的一种医疗模式。智能医疗通过数据采集、分析和应用,实现医疗资源的优化配置,提供个性化、精准化的医疗服务,同时促进医疗信息化和智慧医疗系统的建设。

国内智能医疗的发展阶段以医疗场景与创新技术的结合程度可以划分为三个阶段。

第一阶段是创新技术与医疗初步融合阶段。在这个阶段,创新技术与医疗场景的结合较少,尚未出现成熟的产品。国家开始鼓励开展创新技术应用试点,以促进其在医疗领域的规模化应用,但相关政策较为稀少。该阶段主要在2016年之前。

第二阶段是创新技术与医疗产品诞生阶段。在这个阶段,创新技术与医疗场景开始结合,智能医疗迎来爆发式增长。国家政策开始鼓励医疗机构引进多种创新技术,如人工智能、云计算、大数据等,探索建立新的医疗体系。在此期间,出现了一些成熟的智慧医疗产品。该阶段主要发生在2016年至2019年,多个智能医疗相关政策相继颁布。

第三阶段是智能医疗阶段。在这个阶段,创新技术与医疗场景的结合变得更加紧密。国家政策开始关注深度学习辅助决策医疗器械软件的发展,并强调其数据安全性、算法泛化能力和临床使用风险。具有技术优势的互联网企业开始加入医疗行业。这一阶段主要发生在2019

年至今,智能医疗相关政策以产品或具体医疗场景指导为主。

应用场景

智慧医疗的应用场景主要分为智慧医疗诊疗、智慧医院管理、智慧患者服务、智慧区域基层医疗、智慧制药企业等多个方面。在这些场景下,涌现出了各种智慧医疗产品,包括医学影像筛查、临床决策支持系统、智能健康监测系统、手术辅助系统等。

医学影像诊断是医学领域中的一项重要技术,通过对患者的各种医学影像(X射线、CT扫描、MRI等)进行分析和解读,帮助医生诊断疾病、评估病情并制订治疗方案。人工智能在医学影像诊断中的应用正在逐渐改变传统的诊断模式,帮助提高诊断的准确性和效率。以下是医学影像诊断技术的一些特征。

(1)精准图像分割和标注:基于小样本精细医学数据标注进行训练,该技术能实现对多种病灶、器官等的像素级精确边界分割和标注。通过自动量化分析,识别医学影像中的异常病变,如基于CT影像的肺结节检测与定位、基于病理图像的细胞检测与定位等,将医生从耗时耗力的人工手动勾画中解放出来,满足量化诊断、手术个性化规划等场景的需求。

(2)病灶特征提取与疾病分级:基于对复杂医学诊断要素的学习,该技术可以从医学影像中提取病灶的特征信息,如形状、大小、纹理等,帮助医生评估病情的严重程度和预测疾病的发展趋势。

(3)辅助诊断和鉴别诊断:该技术可以根据医学影像的特征,辅助医生进行诊断和鉴别诊断,提供可能的诊断建议和治疗方案。

(4)影像质量智能控制:该技术可以自动检测医学影像的质量问题,如伪影、运动模糊等,并提供相应的改进建议,确保影像的准确性和可靠性。

临床决策支持系统即CDSS（Clinical Decision Support System），一般指能对临床决策提供支持的计算机系统，这个系统充分运用可供利用的、合适的计算机技术，针对半结构化或非结构化医学问题，通过人机交互方式改善和提高决策效率。CDSS结合了医学知识库、临床指南、患者数据和医学影像等信息，通过智能算法和推理引擎，为医生提供个性化的诊疗建议和治疗方案推荐。

智能健康监测系统一般包含智能手表、智能手环等穿戴设备，结合物联网技术和人工智能算法，实时监测患者的生理指标（血压、心率、血糖等），并将数据传输到医疗机构或医生端上，实现个性化的健康管理和预防服务。该系统在养老方面也有广泛应用，可以监测老年人的生理指标，如心率、血压、睡眠质量等，并能及时发现异常情况，提醒老年人及其监护人。一些智能穿戴设备还具有跌倒检测和紧急求助功能，可以在老年人跌倒时及时发出警报并发送求救信息。通过智能健康监测系统，老年人可以进行远程医疗咨询和诊疗服务，避免频繁到医院就诊的不便。医生也可以通过远程监测老年人的健康数据，及时调整治疗方案，并提供健康管理建议。

手术辅助系统是现代医疗领域实现人机融合的重要工具，可以提高手术的效率和精度。该系统中的智能辅助手术机器人配备高精度传感器和定位系统，能够准确识别手术区域的解剖结构，精确定位手术目标，并进行精细、稳定的操作。智能手术机器人通常还搭配高清摄像头和实时图像处理技术，能够实时显示手术区域图像，并提供三维导航，帮助医生清晰地观察手术情况，也可根据医生的指令和患者的生理特征，实现微创手术和精准植入手术。例如，2017年，荷兰的马斯特里赫特大学医疗中心在一次显微外科手术干预中使用了人工智能驱动的机器人，手术机器人缝合了患者体内一根0.03—0.08毫米的血管。手术中使用的机器人MUSA-3由Microsure公司创造，由一名人类外科医生操纵。医生的手在"机器手"的辅助下能够进行更小、更精确的手术操作。

大模型驱动的智能医疗应用

医疗健康大模型是面向复杂、开放医疗健康场景的基础大模型,具有大数据、大算力、大参数等关键要素,呈现涌现能力和良好的泛化性、通用性,可以根据不同的医疗健康任务,利用语言、视觉、语音乃至多模态融合的生物医学数据进行"预训练-微调",从而为医疗健康领域提供高效、准确、个性化的服务和支持。

2023年5月,医联正式发布了自主研发的基于Transformer架构的国内首款医疗大语言模型——MedGPT,已经拥有近3000种疾病的首诊能力,覆盖80%以上的成年人疾病和90%以上的0—12岁儿科疾病。MedGPT的推出成功实现多个突破:首次突破了AI医生无法与真实患者连续自由对话的难点,首次由AI给出准确诊断与治疗方案,首次利用多种医学多模态,首次打通从问诊到医学检查的流程。

医联MedGPT项目负责人表示,MedGPT不会轻易给出诊断结论,而是会循序渐进地引导患者给出能够支撑有效诊断的病情全貌。也就是说,MedGPT可以通过收集足够的信息来做出符合医学的决策,以"治愈"为目的进行人机交互。

MedGPT采用大模型技术,基于医疗知识图谱为模型提供丰富、准确、结构化的医疗知识,并收集整理接近20亿条真实医患沟通对话、检验检测和病例信息进行深度训练学习,同时利用医生真实反馈进行强化学习,用以保障模型的推理质量、准确性与可靠性。通过结合自然语言处理的大模型AI技术、一系列工程优化技术以及医学一致性验证技术,MedGPT在微调训练阶段采用大量真实医生参与的RLHF(Reinforcement Learning from Human Feedback)监督微调,有效提高了模型的疾病特征识别和模式识别能力,确保了医疗的准确性。可以说,医联MedGPT在疾病的预防、诊断、治疗、康复四个重要环节正努力实现智能化。

3. 智能教育:知识传承的创新之旅

习近平总书记明确指出:"教育数字化是我国开辟教育发展新赛道和塑造教育发展新优势的重要突破口。"在教育数字化转型过程中,人工智能这一战略性技术的影响与日俱增。智能教育是指利用先进的信息技术和人工智能技术,改善教育教学过程,提高教学效率和质量,促进学生个性化学习和全面发展的教育模式和方法。智能教育涵盖了课堂教学、在线学习、智能分析、智慧管理等多个方面,旨在通过科技手段实现教育资源的智能化、个性化和全面化。

应用场景

人工智能与"教、考、评、校、管"教育重点环节实现人机融合,催生了多种新型应用场景。它们正逐渐改变着传统教学的面貌,为教育事业的发展注入新的活力。

全息远程互动教室是教育数字化转型的典型应用。它主要利用全息投影技术(front-projected holographic display)实现学生与图像的互动。这一技术属于3D技术,原指在光学层面利用干涉和衍射原理记录并再现物体真实的三维图像的技术。但在当前的多媒体显示行业,如全息投影、全息舞台等领域所用的全息技术并非光学意义上的全息影像记录和复现的方式,而是通过具有透视和反射成像能力的介质,在空中营造出光影效果。通过精细控制环境光,可以让观看者忽略成像介质,产生影像与真实空间相融合的感觉,从而形成裸眼的立体感。

相较于传统教学,全息教学展现出显著的优越性。它可以实时互动使教学形式更加生动,它也带来了跨地域学习的便捷性,能够让学生拥有身临其境式的课堂体验。全息教学还促进了资源共享,提升了教学应用的实时性。多样化的教学手段也增强了教学的创新性,并通过合理分配教学师资——如专家远程授课——减轻教师教学压力的同时为学生提供了更丰富的学习资源。

全息课堂的内容呈现通常也结合增强现实技术,将虚拟的教学内容与现实环境相结合,使学生可以在真实的环境中体验虚拟的教学内容,增强学习的沉浸感和体验感。学生可以通过手势、语音或操控设备与全息投影的教学内容进行互动,加深对知识的理解和记忆。

此外,基于云平台和智慧全息教学平台,在5G+全息智慧教室中,还能实现远程教学、互动课堂、课程录制、课程点播、多教室联动等4K全息教学应用。这些功能的实现,不仅提升了教学效率和质量,还为学生提供了更加便捷、高效的学习方式。

智慧考务是另一项重要的应用。它的引入提升了考前、考中、考后各环节的智慧化水平和可视化程度,为大规模在线考试的顺利进行提供了坚实的支撑。智慧课堂通过在线测验和评估工具,对学生的学习情况进行实时监测和评估,能够实时反馈学生的学习成绩和表现,帮助学生了解自己的学习进度和水平,及时调整学习策略,构建全面、客观的综合评价体系。此外,绿色校园、平安校园等应用,通过实现校园设备互联互通,不仅显著提升了校园的安全性和便捷性,还有效促进节能减排,为师生提供一个更加安全、便捷、环保的学习生活环境。基于这类教育大数据采集汇聚,区域教育监管、服务和评估等工作的效果也得以显著优化。

机遇与挑战

2023年,以ChatGPT为代表的生成式人工智能横空出世,其流畅的问答和对话能力给教育领域带来了新的未知可能性。此类智能产品的问世和持续迭代,在带来巨大科技革命红利的同时,也引发了人们对其的教育思辨,陷入拥抱或者禁止的两难选择。

一方面,学生可以通过与这类人工智能对话平台进行交流,获取即时的问题解答和学习指导,提高学习效率;教师也可以利用生成式人工智能来设计教学材料、生成题目和答案,节省教学备课的时间,更加专注于教学实践和学生辅导。另一方面,技术带来的负面影响也令人担心:

(1) 过度依赖。如果学生过度依赖生成式人工智能系统,可能会减弱其自主学习能力和创造力。学生习惯性地依赖智能系统提供的答案和解决方案,可能会失去思考和创造的能力,影响其未来的发展。

(2) 学术诚信风险。生成式人工智能可以生成看似真实的研究成果和论文,但其中可能存在错误、误导性或不准确的信息。滥用生成式人工智能技术,可能会导致虚假的研究成果,误导读者和学术界,损害学术信誉和声誉。部分学术期刊正在更新编辑规则,强调不能在论文写作过程中使用AI。

(3) 伦理风险。规模庞大的学生数据集会带来隐私风险,为避免泄露和滥用,需要加强监管和保障。生成式人工智能系统可能存在算法偏差,如果设计时不主动考虑公平性,会延续或扩大隐性社会偏见。此外,过多依赖人工智能可能会导致人际互动减少,这不利于社会意识的培养、情感的发展和生理心理健康的维护。

未来:迈向人机共教共学共育的新样态

未来教育教学的核心在于深刻认识人类与智能机器之间的关键差异,并将重心转向促进学生成长。这意味着我们需要培养学生适应不确定未来的能力,而不仅仅是灌输知识和技能。

在教育中，教师应该重视培养学生的批判性思维、创造性思维和沟通能力，这些都是人工智能无法完全模拟或取代的。学校和教育机构应该为学生提供多样化的学习体验和挑战，鼓励他们思考问题、解决问题，并将所学知识和技能应用于实际生活中。这种以学生为中心的教育模式可以帮助他们建立独立思考和适应变化的能力。

与此同时，我们也需要意识到人类与智能机器之间的关系是相辅相成的。人工智能可以为教育提供更多的资源和工具，帮助教师个性化教学、提高学习效率。但我们必须确保人类始终处于主体地位，人机合作是为了增强人类的能力和体验，而不是取代人类。因此，在建立人机和谐共生关系的同时，我们必须保护和弘扬人类的价值观、情感和创造力，使其在智能时代依然发挥重要作用。

4. 智能工业：智能制造的未来趋势

智能制造是指利用先进的信息技术（如人工智能、物联网、大数据等）和先进制造技术（如机器人技术、自动化技术、3D打印等）实现制造过程的智能化和自动化，从而提高生产效率、降低生产成本、优化产品质量，以满足不断变化的市场需求和个性化定制的趋势。智能制造涵盖了整个制造过程，包括产品设计、工艺规划、生产制造、质量控制、供应链管理等各个环节。

人机融合智能在工业方面可以显著提升生产力，带来更高效、灵活和智能化的生产环境。引入机器人和自动化设备的自动化生产线提高了生产效率，降低了人力需求，并减少了发生生产事故的风险。人机协作使人与机器在同一生产空间内协同工作。机器负责处理重复性工作，人类工作者则专注于更复杂、创造性的任务。通过大数据分析技术，生产过程中的数据被深入挖掘，有助于优化生产流程、提高质量和效率,实现数据驱动的决策。

应用虚拟现实(VR)和增强现实(AR)技术可以为培训、维修和操作提供支持,帮助工人更快地学习新技能,减少错误并提高效率。通过人机融合智能技术实现的智能供应链管理实时监测和调整供应链,可以提高透明度,降低库存成本,优化物流运输,确保原材料和零部件的及时供应。

此外,人机融合智能技术还支持小批量、高度定制化的生产,使企业更好地适应市场需求的变化,提高客户满意度。最后,人工智能算法可以帮助工厂进行预测性维护,监测设备性能和健康状态,及时预测潜在故障,缩短生产线停机时间,提高设备的可靠性和维护效率。

应用场景

人工智能在工业领域的典型应用包括:增强现实辅助培训、预测性维护、智能在线检测等。

在基于AR的人员培训方面,传统员工培训方法由于互动性不足、理解难度大和成本高等问题,往往培训效果不佳。相比之下,AR设备为学员提供更加直观、动态的指导,特别是在产品组装等领域。例如通过将二维图纸转换为三维模型,AR设备能够实时展示操作步骤,帮助员工更准确地完成任务。以波音公司为例,他们采用的基于AR的Boeing737引擎装配和故障检修系统将装配效率显著提升了约20%,并使得一次装配的正确率提高了约24%。

在传统生产中,一旦生产线出现设备故障报警,往往已经造成大量不合格产品的生产,对企业造成重大损失。而预测性维护则通过实时收集设备运行数据,并利用机器学习算法识别故障信号,实现对潜在故障的提前预警和维护,从而减少设备维护时间和成本,提升设备使用效率,并有效避免因设备故障导致的损失。

智能在线检测技术依据传感器采集的照片,通过计算机视觉算法检测产品的表面缺陷、内部隐裂、边缘缺损等问题,提高了产品检测速度和质量,避免了因漏检、错检导致的损失。例如,芯片企业的智能在线检测应用可以大幅降低次品率,并同时分析次品出现原因,优化产品设计与生产工艺,进一步降低测试成本。

人机融合智能在工业领域的迅速发展不仅提升了生产力,也为企业带来了更大的机遇。同时,需要关注伦理、隐私和社会公平等问题,确保智能的发展与人类价值观和利益相一致。随着技术不断演进,人机融合智能将在未来继续拓展工业的边界,为人类社会带来更多的机遇和挑战。这一领域的持续创新不仅将推动产业升级,也有助于实现更可持续、智能化的工业发展。

5. 智能利民:赋能社会,共促未来

近年来,人工智能技术飞速发展,同时也带动了诸多领域产生技术革新。随着这种趋势的日益扩大与演进,人工智能技术正在并将继续深刻改变社会生产与分工。从人类社会生产的基本规律看,当前人工智能对社会生产方式产生诸多影响,人类社会正在产生生产方式变革的潜在新节点,而这可能对未来人类社会具有重要意义。在此背景下,从人机环境系统角度探讨新质生产力,可为发展新质生产力提供一定的理论参考。

人工智能发展对社会生产方式的影响:走向人机融合

在以往的生产方式演变中,人类通过创造并使用各种工具实现生产方式的跃迁与生产力的飞速提升,其中机器作为一种先进的工具参与人类的劳动过程。作为劳动工具的机器往往只能完成简单且重复的

任务,无法完成较为复杂的任务,人在劳动过程中一直把握主动和保持控制。然而,随着人工智能技术的快速发展,生产方式正逐步走向人机融合的新阶段。人工智能不仅能够执行简单重复的任务,更能实现复杂的问题解决、完成创造性工作以及决策制定,这使得人工智能在生产中的角色超越了传统机器的范畴,成为能与人类工作者并肩作战的"智能伙伴"。

在人机融合的生产模式中,人类工作者和人工智能系统可以根据各自的优势进行任务分配。例如,人工智能可以负责分析大量数据,识别模式和趋势,从而提供决策支持,而人类工作者则可以依据人工智能提供的信息,利用人类的直觉、经验和创造力做出最终决策。这种合作模式不仅提高了生产效率,也增强了决策的准确性和创新能力。进一步地,人机融合模式还促进了生产方式的个性化和灵活性。人工智能技术的引入使得定制化生产成为可能,满足了消费者对个性化产品的需求。同时,人工智能的适应性和学习能力使得生产线可以迅速调整以应对市场变化,增强了生产系统的灵活性和韧性。此外,人工智能技术还为安全生产提供了有力支持。通过实时监控生产环境,人工智能可以及时识别潜在的安全隐患,并采取预防措施,减少事故发生的风险。在一些高危环境中,人工智能技术甚至可以直接替代人类工作者进行操作,极大地降低了人员伤亡的可能性。

人机融合的生产方式不仅体现了技术进步对生产力提升的贡献,而且符合新质生产力发展的要求。人机融合的模式通过将人类的创造性和机器的高效率结合起来,极大提升了生产效率和灵活性。这种模式能够快速适应市场需求的变化,实现生产过程的优化,满足快速变化的市场和消费者对个性化产品的需求。人机合作能够激发新的创造性思维,人工智能的数据处理能力和模式识别能力可以为人类提供前所未有的洞察,帮助人类突破传统思维的局限,加速创新过程。这种合作关系促进了知识的交叉融合,为解决复杂问题和开发新技术提供了动力。人工智能技术可以帮助企业更有效地规划资源分配,包括人力资源和物料资源,以达到最优化生产和减少浪费的目的。通过精准的数据分析和预测,人机融合生产方式能够确保资源被高效利用,支持环境可持续发展的目标。随着人机融合模式的推广,对于能够熟练运用人工智能技术、具备跨学科知识和解决复杂问题能力人才的需求将不断增加。这促使教育体系对培养模式进行创新,重视技能和创新能力的培养,为社会发展提供强有力的人才支持。

人机环境系统智能与新质生产力

习近平总书记指出:"新质生产力是创新起主导作用,摆脱传统经济增长方式、生产力发展路径,具有高科技、高效能、高质量特征,符合新发展理念的先进生产力质态。"新质生产力不是仅简单地提高生产效率,更重要的是通过创新和技术进步,改变生产方式、生产组织和生产关系,实现生产力的持续发展。每一次科技革命都会带来新的社会分工,作为新一轮科技革命和产业变革的重要驱动力量,人工智能被普遍认为将对经济社会发展产生深远影响。这一次的人机分工不同于以往简单的体力、智力再分配,还需要考虑人、机、环境优势如何融合的问题,这不仅意味着人们工作方式、职业结构和思维方式的改变,也加速推动着各个行业的数字化和智能化进程。随着人工智能不断发展和广泛应用,可以预期新质生产力必将更加广泛和深化,我们需要不断学习和适应这一变化。

人机环境系统能够促进生产力水平的提高。人机环境系统的发展使得生产过程中的许多工作实现自动化和智能化,大大提高了生产效率和质量。比如,机器人在制造业中的应用使得生产线可以实现自动化操作,减少了人力成本,并提高了生产的稳定性和精确度。人机环境系统的发展使得生产过程中的各种数据和信息可以被更好地获取、分析和利用。通过对生产过程中的数据进行实时监测和分析，可以及时发现问题并采取相应的措施，从而提高生产效率和质量。同时，通过信息化系统的建设和应用，可以更好地协调和管理生产过程中的各个环节，提高生产的整体效率。人机环境系统的发展使得不同设备、工具和系统可以通过网络进行连接和协作，形成高度集成的生产系统。通过联网及协同化，不同设备和系统可以实现信息的共享与交流，实现生产过程的高度协同和优化，提高生产效率和灵活性。

随着人机环境系统的发展，生产过程中对人力的需求量可能会减少，人机替代现象可能会更多地出现，从而改变传统生产关系中劳动力和资本的关系。同时，人机环境系统的发展可能会改变生产过程中不同参与方的地位和权力关系。比如，在机器人和自动化设备的应用中，机器和技术的权力可能会增加，而人的地位和权力可能会相应下降。此外，人机环境系统的发展还可能出现新的产权问题和利益分配问题，需要重新调整和建立相应的生产关系。因此，人机环境系统的发展将不可避免地引发新的生产关系的产生和调整。

人机环境系统产生新质生产力，有三方面的例子。一是互联网和电子商务。互联网和电子商务的兴起改变了传统的商业模式，使得人们可以通过网络进行购物、交流等活动。这不仅提供了新的商业机会和生产方式，也改变了消费者和商家之间的关系。二是人工智能。随着人工智能的发展，越来越多的工作可以通过机器人或软件程序来完成，如自动化的数据分析、信息搜集、报告生成等。这一方面提高了工作效率，另一方面也改变了工作方式和人际关系。三是虚拟现实和增强现实。虚拟现实和增强现实技术的发展，使得设计、培训、教育等领域能够提供更加直观、沉浸式的体验。工程师可以使用虚拟现实技术进行产品设计和测试，军事人员可以通过增强现实技术模拟战场环境。

这些新的生产工具改变了传统的工作方式和生产关系。从这些例子可以看出，人机环境系统将在多个领域产生新质生产力。随着科技的不断进步，人类和机器之间的互动将会更加紧密和复杂，我们可以期待人机环境系统带来更多创新和变革。

在人机环境系统智能视角下，新质生产力的释放不仅会带来生产效率和经济增长，还将促进社会公平和环境可持续性。未来的社会将是一个更加智能、高效、和谐的社会，其中人工智能技术与人类智慧紧密结合，共同应对和解决各种社会、经济和环境问题。新质生产力的释放将是一个复杂但充满希望的过程。通过科技界、教育界、政界等多方面的共同努力，我们有望构建一个更加智能、公平、可持续的未来社会。在这个过程中，每个人都是参与者、受益者，也是担负责任的守护者。

参考文献

[1] Albus S. Outline for a theory of intelligence[J]. IEEE Transactions on Systems, Man, and Cybernetics, 1991, 21(3): 473—509.

[2] Chen Y, Feng D, Jacob A, et al. 10 Fundamental Scientific Questions on Intelligent Computing[EB/OL]. (2022-10-14) https://www.science.org/content/resource/ten-fundamental-scientific-questions-intelligent-computing.

[3] Collobert R, Weston J, Bottou L, et al. Natural Language Processing (almost) from Scratch[J]. Journal of Machine Learning Research, 2011, 12: 2493—2537.

[4] Colorni A, Dorigo M, Maniezzo V. Distributed Optimization by Ant Colonies [C]// Proceedings of ECAL91 - European Conference on Artificial Life, Paris, France: Elsevier Publishing, 1991: 134—142.

[5] Dehaene S, Lau H, Kouider S. What is consciousness, and could machines have it?[J]. Science, 2017, 358(6362): 486—492.

[6] Eberhart R, Kennedy J. A new optimizer using particle swarm theory[C]// MHS'95. Proceedings of the Sixth International Symposium on Micro Machine and Human Science, Nagoya, Japan, 1995: 39—43. doi: 10.1109/MHS.1995.494215.

[7] Endsley M R, Garland D J (Eds). Situation Awareness Analysis and Measurement (1st ed.) [M]. Boca Raton: CRC Press, 2000.

[8] Goertzel B, Pennachin C (Eds). Artificial general intelligence[M]. New York: Springer, 2007.

[9] Goertzel B, Wang P. A foundational architecture for artificial general intelligence[C]// Advances in Artificial General Intelligence: Concepts, Architectures and Algorithms, The Netherlands: IOS Press, 2007: 36—54.

[10] Holland O, Goodman R. Robots with internal models: a route to Machine consciousness?[J]. Journal of Consciousness Studies, 2003, 10(4-5): 77—110.

[11] Hume D. A Treatise of Human Nature: Being an Attempt to introduce the experimental Method of Reasoning into Moral Subjects[M]. Oxford: Oxford University Press, 1978.

[12] Passino K M. Biomimicry of bacterial foraging for distributed Optimization and control[J]. IEEE Control Systems Magazine, 2002, 22(3): 52—67.

[13] Poole D, Mackworth A, Goebel R. Computational Intelligence: A Logical Approach[M]. New York: Oxford University Press, 1998.

[14]彭罗斯.皇帝新脑[M].许明贤,吴忠超译.长沙:湖南科学技术出版社,2007.

[15]李恒威,蔡诗灵,阮泽楠.人工意识与整合信息理论[J].浙江学刊,2021(4):51-65.

[16]刘伟.追问人工智能:从剑桥到北京[M].北京:科学出版社,2019.

[17]刘伟.人机融合:超越人工智能[M].北京:清华大学出版社,2021.

[18]刘伟.人机混合智能的可行架构:计算——算计模型[J].学术前沿,2022(24):88-97.

[19]刘伟,邹阳洋."我是谁":人机融合智能的发展瓶颈[J].现代出版,2023(5):70-77.

[20]刘伟,谭文辉,刘欣.人机环境系统智能:超越人机融合[M].北京:科学出版社,2024.

图书在版编目(CIP)数据

未来智能与人机融合 / 刘伟, 谭文辉著. -- 上海：上海科技教育出版社, 2025.5. -- (哲人石). -- ISBN 978-7-5428-8390-2

Ⅰ. TB18-49

中国国家版本馆CIP数据核字第2024P8W173号

责任编辑　王怡昀
封面设计　木　春

WEILAIZHINENG YU RENJIRONGHE
未来智能与人机融合
刘伟　谭文辉　著

出版发行	上海科技教育出版社有限公司
	（上海市闵行区号景路159弄A座8楼　邮政编码201101）
网　址	www.sste.com　www.ewen.co
经　销	各地新华书店
印　刷	上海商务联西印刷有限公司
开　本	720×1000　1/16
印　张	16.5
版　次	2025年5月第1版
印　次	2025年5月第1次印刷
书　号	ISBN 978-7-5428-8390-2/N·1249
定　价	68.00元